Martin Werdich

Stirling-Maschinen

Grundlagen · Technik · Anwendung

ökobuch

Staufen bei Freiburg

Über Anregungen, Kritik und Verbesserungsvorschläge
freut sich

Martin Werdich
Doppelmayrstr. 10
8860 Nördlingen

CIP-Titelaufnahme der Deutschen Bibliothek

Werdich, Martin:
Stirling-Maschinen : Grundlagen, Technik, Anwendung /
Martin Werdich. - 1. Aufl. - Staufen bei Freiburg :
ökobuch 1991
    ISBN 3 - 922 964 - 35 - 4

ISBN 3 - 922 964 - 35 - 4

1. Auflage 1991

© ökobuch Verlag, Staufen bei Freiburg 1991
© Alle Rechte vorbehalten

Layout: Uwe Stohrer, Freiburg
Druck: Graphische Werkstatt GmbH, Kassel

Inhaltsverzeichnis

Vorwort

Dieses Buch - entstanden aus einer Diplomarbeit - soll eine Übersicht geben über Stirlingmaschinen, ihre systematische Einteilung, Anwendung und den Stand der Technik heute (1990). Es ist im wesentlichen eine Literaturrecherche, bei der auch die umfangreiche englischsprachige Literatur soweit wie möglich berücksichtigt wurde.

Ich widme diese Arbeit Herrn Willi Ried und seiner Frau, die mir nach seinem kürzlichen, viel zu frühen Tod eine große Menge Unterlagen zukommen ließ, mit denen Herr Ried 25 Jahre lang an einer Rotationskolben-Stirlingmaschine gearbeitet hat, aber nie den erhofften Durchbruch erreichte.

An dieser Stelle möchte ich mich herzlich bei all denen bedanken, die mir durch Korrespondenz und Übersendung von Unterlagen halfen, diese Arbeit so umfassend auszuführen:

Mr. Cooke-Yarborough, Michael Novi (Joanneum), Herrn Aschenbrenner (PTB Braunschweig), Department of Energy, W.A. Tomazic (NASA), Herrn Zettner (CM), Dipl.-Ing. C. Müller, Dipl.-Ing. J. Wegener, Herrn Schiller (IHK), Dr.-Ing. Hörler (ETH-Zürich), A.J. Organ (Uni Cambridge), H. Carlsen (TU-Dänemark), R.M. Shaubach (Thermacore) und Herrn Kufner (selbständig).

Ein ganz besonderes Dankeschön möchte ich auch folgenden Damen und Herren sagen, die mir aktiv mit Rat und Tat zur Seite standen:

dem Team von Prof. Dr. H. Krauch, Walter Arn, Dipl.-Ing. Walter Kufner, Dipl.-Ing. Günter Banholzer, Birgit Schneider, Friedrich Munzinger, Dr.-Ing. Blumenberg, und natürlich meinen beiden Professoren Herrn Prof. Dipl.-Ing. Benno Kirchgäßner und Herrn Dipl.-Ing. Heinz Schnell sen., die mich hervorragend betreut haben.

Herzlichen Dank auch an Prof. Kolin für die Erlaubnis zum Abdruck seiner »Bauanleitung für einen einfachen Flachplatten-Stirlingmotor«, die als Faltplan hinten im Buch beiliegt.

Im Oktober 1990   Martin Werdich

1. Grundlagen der Stirlingmaschinen

»Schöne Worte sind nichts, wenn keine Taten folgen.« Dieser Satz betrifft all diejenigen, die erfinden und entwickeln, was das Zeug hält, aber über Prototypen und Veröffentlichungen nicht hinauskommen (und das sind die meisten). Der Stirlingmotor ist wohl eines der beliebtesten Objekte für Bastler und Erfinder. Nicht umsonst umfaßt die Literatur, die ich für meine Diplomarbeit und dieses Buch zusammengetragen habe, professionell geschriebene Bücher ebenso wie Skizzen, Zeitungsausschnitte und Meinungen aus aller Welt. Zusammengenommen wiegt diese Sammlung etwa 120 kg. Um am Ende zu einer möglichst objektiven Einschätzung zu kommen, war es notwendig, nicht nur diese umfangreiche und oft verwirrende Literatur, sondern auch das Nichtgeschriebene, die Meinung von Erfindern, Bastlern und Ingenieuren zu hören und zu verarbeiten.

Die Bezeichnung *Stirlingmotor* ist ein Sammelbegriff für die vielfältigen Varianten derjenigen Motoren bzw. Wärmekraftmaschinen, bei denen der Stirlingprozeß noch erkennbar ist.

1.1 Die geschichtliche Entwicklung

Die Entwicklungsgeschichte der Stirlingmaschine zu schreiben gleicht der Aufgabe, ein »unendliches Puzzle« zu einem vollständigen Bild zusammenzusetzen. Das kann jedoch kaum vollständig gelingen, denn sehr viele Ideen gingen unter, ohne je veröffentlicht zu werden. Andere Neu- oder Weiterentwicklungen und Erfindungen wurden ein paarmal gemacht, manchmal auch zur gleichen Zeit. Darüber hinaus war es mir nicht möglich, an verschiedene Literatur heranzukommen, da doch einiges gehütet oder nicht offiziell vertrieben wird. Häufig war auch die Fernleihe nicht in der Lage, die gewünschten Texte zu beschaffen.

Um die Gegenwart zu begreifen und eine vernünftige Stirlingmaschine nach dem Stand der Technik bauen zu können, ist es notwendig und sinnvoll, die Entwicklungsgeschichte zu kennen, aus ihr zu lernen und auf ihr aufzubauen. Dabei ist die Geschichte des Stirlingmotors mit der Geschichte der Thermodynamik und der Werkstoffentwicklung so eng verbunden, daß diese nicht unabhängig voneinander beschrieben werden können.
An Stelle einer ausführlichen, verwirrenden Erzählung, sind die wichtigen Stationen und Fakten in den beiden folgenden Tabellen übersichtlich zusammengestellt.

1690	Denis Papin entwickelt seine Dampfmaschine für Pumpen.
1765	James Watt konstruiert die Form der Dampfmaschine, die in der Folgezeit breiteste Anwendung findet.
1807	Eine Heißluftmaschine, 'Feuerluftmaschine' genannt, wurde von Sir George Cayley vorgestellt.
1816	Patentanmeldung der ersten Stirlingmaschine und des 'Economizers' (Regenerator) durch Robert Stirling.
1818	Die erste, nach dem Stirling-Prinzip arbeitende Heißgasmaschine wird fertiggestellt (für Wasserpumpen-Antrieb).
1821	Bresson entwickelt in Frankreich eine Feuerluftmaschine.
1824	Sadi Carnot veröffentlicht den »Carnotprozeß«.
1826	Ericcson erhält das Patent auf seine kalorische Maschine.
1827	Die in Zusammenarbeit mit seinem Bruder, Ing. James Stirling, verbesserte Heißluftmaschine, wird patentiert.
1828	Parkinson und Crossley entwickeln wie auch Stirling einen geschlossenen Stirlingmotor.
1834	John Herschel entdeckt erstmals die Fähigkeit des Stirlingmotors, Kälte zu erzeugen, wenn er angetrieben wird.
1840	Robert Mayer berechnet das mechanische Wärmeäquivalent.
1843	James Prescott Joule formuliert den Energieerhaltungssatz.
1843	Stirling baut seine erfolgreichste Maschine.
1844	Andraud baut die Heißluftmaschine in eine Lokomotive ein.
1853	C.L. Franchot erfindet den doppelt wirkenden 2-Zylinder Stirlingmotor.
1853	Die größte Heißluftmaschine wird in den USA von dem Schweden Ericcson gebaut.
1853	W.E. Newton patentiert das Prinzip des doppeltwirkenden Motors.
1853	Siemens veröffentlicht die erste wissenschaftliche Arbeit über die Wichtigkeit des Regenerators.
1854	Professor Rankine und J.R. Napier patentieren eine verbesserte Heißluftmaschine.
1858	Ericcson baut einen sehr erfolgreichen Industriemotor.
1860	Lenoire bringt den Gasmotor heraus, der immer mehr Anhänger findet.
1861	Die Laubereaumaschine von Schwartzkopf kommt auf den Markt.
1863	Sir Wilhelm Siemens erfindet einen doppeltwirkenden Vierzylinder-Stirlingmotor mit Taumelscheibe.
1868	Lehmann baut die damals erfogreichste Heißluftmaschine mit geschlossenem Kreisprozeß (bis 1877 baute er ca. 1000 Stück).

----	Sir W.H. Baley & Co. produzierten von 1860 - 1908 viele Lehmann'sche- und zweizylindrige Stirlingmaschinen, bei denen Arbeits-und Verdrängerkolben getrennt waren.
1872	Ericcson baut seinen 'Sonnenmotor'. Die Stirlingmaschine war dabei von einem Parabolspiegel umgeben (siehe Abbildung auf dem Titel).
1876	N.A. Otto baut seinen Viertaktmotor.
----	Zwischen 1877 und 1895 verkauft A.K. Rider aus Philadelphia etwa 1000 seiner Motoren. Diese hatten einen heißen und einen kalten Zylinder mit je zwei Kolben; sie waren mit einem Regenerator ausgerüstet, hatten aber zuviel Totraum. → doppeltwirkender Motor
1877	Stenberg aus Dänemark bringt seinen 'Calorisca' - Motor heraus (Lehmanns Design, aber ein geändertes Triebwerk). Gebaut wurde dieser Stirlingmotor von den Gebr. Sachsenberg in Roßlau.
1878	Van Rennes bringt seinen Motor auf den Markt.
1878	Hock baut einen Feuerluftmotor (offener Motor).
1883	G. Daimler und W. Maybach patentieren den ersten Fahrzeugmotor.
1884	Heinrici bringt einen Stirlingmotor mit bis zu einem PS Leistung in Produktion.
1888	Benier's (Frankreich) Konstruktionen werden auch in Deutschland gebaut.
1895	Der Siegeszug der Elektromotoren beginnt.
----	Zwischen 1895 und 1914 werden von A.E. & H. Robinson & Co. mehrere Tausend der 'Robinson-Maschine' verkauft (Arbeits- und Verdrängerkolben laufen dabei senkrecht, ohne Regenerator, zueinander).
1896	R. Diesel baut seinen Motor.
1907	O. Ringbom meldete in den USA einen Hybrid-Stirlingmotor zum Patent an.
1918	Rudolph Vuilleumier erhält ein Patent für einen neuartigen Prozeß zur Erzeugung von Kälte.
1927	Malone baut in England mehrere Stirlingmaschinen, die mit Wasser als Arbeitsmedium laufen. H_2O wird expandiert und komprimiert (Spitzendrücke 78 bar, Mitteldruck 14 bar).
1938	Wiederbelebung des Stirlingmotors in den Forschungslaboratorien der N.V. Philips Gloeilampenfabriken in Eindhoven (R.J. Maijer).
1946	Der Philips Stirling-Stromgenerator ist fertig.
1949	Van Weenan (Philips) erfindet den 'Siemensmotor' das zweite Mal.
1953	- Erfindung des Rhombentriebwerks.
	- W.E. Newton patentiert das Prinzip des doppeltwirkenden Stirlingmotors.
1955	Die Gaskältemaschine von Philips wird serienreif. Sie wird heute noch hergestellt.
1958	Philips erteilt Lizenzen an General Motors (1969 wird erfolgreich ein 500 Stunden-Test durchgeführt; General Motors beendet 1970 unerwartet die Aktivitäten.).
1959	Finkelstein und Polanski erfinden den 'Franchot-Stirlingmotor' das 2. Mal.

1962	William T. Beale beginnt mit den Freikolben-Stirling-Motoren an der Ohio University in Athens, Ohio, USA.
1967	Philips erteilt Lizenzen an die Entwicklungsgruppe MAN/MWM (MWM beendet 1978 die Aktivitäten).
1968	United Stirling AB in Malmö (USAB) nimmt die Entwicklungsarbeit auf.
1972	Philips erteilt Lizenzen an die Ford Motor Company (Ford beendet 1978 die Aktivitäten).
1978	Horace Rainbow konzipiert die Pendel-Stirlingmaschine.
1980	Ivo Kolin erfindet den sehr einfach nachzubauenden und für Niedertemperatur geeigneten Flachplatten-Stirlingmotor.

Weltweit arbeiten heute über 100 Firmen, Universitäten und andere Forschungseinrichtungen an der Entwicklung und Verbesserung der Stirlingmaschinen und deren Anwendungen. Ein Verzeichnis der mir bekannten Adressen befindet sich am Ende des Buches in Kapitel 6.2.

In der folgenden Tabelle sind die dem Verfasser bekannt gewordenen Stirlingmotoren mit ihren technischen Daten (erreichte Leistungen, Wirkungsgrade, usw.) zusammengestellt. Alle diese Motoren wurden gebaut und mehr oder weniger erfolgreich getestet.

Tabelle 2: Technische Daten bisher gebauter Stirlingmotoren

Zeit	Her-steller	Lei-stung kW	Dreh-zahl U/min.	Bezeichnung, Einsatzgebiet, Aufladung, Wirkungsgrad und sonstige Merkmale
1852	Ericcson	220$_{mech}$	9	Schiffsantrieb (aber zu schwer), 4-Zylinder mit je 4,2 m Durchmesser, Hub = 1,5 m
1860	Ericcson	1,5		erfolgreicher Industriemotor, 3000 Stk. produziert
1860	Maschinen-fabrik Bruckau	0,5	54	Ericcson-Motor, Verbrauch: 6 kg Kohle/h
1868	Lehmann	0,75	100	Verbrauch: 5 kg Kohle/h, 200 l Wasser/h
1876	Rider	0,8		2-Zylinder, einfachwirkender Motor
1894	Bailey	1$_{mech}$	106	1-Zylinder, einfachwirkender Motor
1914	Robinson	0,5		2-Zylinder., einfachwirkender Motor in V-Anordnung
1925	Heinrici	0,04	180 - 350	Verbrauch: 0,15 m^3 Leuchtgas/h
1938	Philips	0,2$_{el}$	1.500	Bezeichnung: 102C, 1-Zylinder-Motor mit Generator für Radiobetrieb
1944	Philips	4$_{mech}$	3.000	Testmaschine mit Taumelscheibentriebwerk, Arbeitsgas Luft (4 bar), niedriger Wirkungsgrad
1953	Philips	0,2$_{el}$		Einfachwirkender 1-Zylinder-Motor, Arbeits- und Verdrängerkolben in einem Zylinder, 38% Wirkungsgrad, Rhombentriebwerk, mit Generator für Radiobetrieb
1958	Ericcson	1,3		in USA erfolgreicher Industriemotor.
1959	Philips	2$_{mech}$	2.500	Der 1-Zylinder-Motor mit Rhombentriebwerk wurde in 10 m Motoryacht eingebaut und lief bis 1977
1964	Philips	290$_{mech}$	1.500	Von diesem 4-Zylinder-Motor mit Rhombentriebwerk wurden einige Exemplare in Werkspore gebaut, Auslieferung für Testversuche an die US-Marine
1964	Philips	147$_{mech}$	1.500	Der Motor (4-Zylinder horizontal in Reihe) mit Rhombentriebwerk wurde in DAF-Bus und MAN-Bus eingebaut.
1964 - 68	GM	268$_{mech}$		Bezeichnung: V-8, einfachwirkender 4-Zylinder-Motor mit Kurbeltriebwerk
1965	Philips	85$_{mech}$	300	Bezeichnung: 4-235, Boxermotor mit 41% Wirkungsgrad, Marineeinsatz
1965	GM	6$_{el}$	3.000	Bezeichnung: GPU 3, einfachwirkender 1-Zylinder-Motor mit Rhombentriebwerk, 22% Wirkungsgrad, Generator für Militäranwendungen

Tabelle 2:   Technische Daten bisher gebauter Stirlingmotoren

Zeit	Her-steller	Lei-stung kW	Dreh-zahl U/min.	Bezeichnung, Einsatzgebiet, Aufladung, Wirkungsgrad und sonstige Merkmale
1968	Philips	7,36$_{mech}$	3.000	Bezeichnung: 1-98, Versuchsmotor mit Rhomben-triebwerk, einfachwirkend, 29,2% Wirkungsgrad (2.000 U/min); 27,6% (3.000 U/min)
1968	Philips	74,5$_{mech}$	1.500	Bezeichnung: 4-235, 4-Zylinder-Versuchsmotor (4 Kolben, 4 Verdränger) mit Rhombentriebwerk, einfachwirkend, 30% Wirkungsgrad
1968	USS	147$_{mech}$	3.000	Bezeichnung: 4-235, 800 kg Gewicht, Arbeitsmedium Helium, aufgeladen mit 215 bar
1968	GM	265$_{mech}$		4- Zylinder-Motor
1969	GM	168$_{mech}$	2.100	Bezeichnung: 4L23, doppeltwirkender Motor mit Kurbeltriebwerk, Wirkungsgrad: 30% bei 2.100 U/min., 32% bei 1.400 U/min.
1969	Beale	0,1$_{el}$		Generator, Freikolbenmaschine
1968 - 70	MAN/MWM	7,4$_{mech}$	3.000	Bezeichnung: 1-98, einfachwirkender Versuchs-motor mit Rhombentriebwerk, 29,2% Wirkungsgrad bei 2.000 U/min, 27,5% bei 3.000 U/min
1968	MAN/MWM	22$_{mech}$	1.500	Bezeichnung: 1-400, Versuchsmotor wie vor, 32% Wirkungsgrad bei 1.000 U/min, 28,2% bei 1.500
1971	MAN	75$_{mech}$	1.500	Bezeichnung: 4-400, Versuchsmotor, 4-Zylinder in Reihe, 29,6% Wirkungsgrad; 32% bei 900 U/min
1971	Univ. of Calgary	0,2$_{mech}$	600	Bezeichnung: Chipewyan-Ste, für Navigations-bojen gebaut, einfachwirkender 1-Zylinder-Motor, ähnlich 102C, 1 Jahr Lebensdauer
1970 - 72	USS	150$_{mech}$	700	Bezeichnung: 4-615; U-Boot, City-Bus; einfachwirken-der Motor mit Rhombentriebwerk, außenluftunab-hängig, 42% Wirkungsgrad
1972	Ward	0,48$_{el}$	1.400	verbesserter 102C von Philips mit Wasserkühlung als Generator-Set für ausführliche Tests
1972	Ford	125	4.000	PKW, 4-Zylinder-Motor (je 215 cm^3), Taumelschei-bentriebwerk, Arbeitsmedium Wasserstoff, 200 bar
1973 - 75	USS	40$_{mech}$	4.000	Bezeichnung: P40 (4-95), PKW, doppeltwirkend, ring-förmige Anordnung der Zylinder, 2 Kurbelwellen, 32% Wirkungsgrad, 26% bei 2.000 U/min
1973 - 75	wie vor	75	2.400	Bezeichnung: P75 (4-275), PKW, 32% Wirkungsgrad, Aufbau wie vor
1974	Harwell	0,25$_{el}$	106 Hz	Thermomechanischer Freikolben-Generator
1975	Sunpower	1		Bezeichnung: RE-1000, Freikolben-Testmotor

Tabelle 2: Technische Daten bisher gebauter Stirlingmotoren

Zeit	Her-steller	Lei-stung kW	Dreh-zahl U/min.	Bezeichnung, Einsatzgebiet, Aufladung, Wirkungsgrad und sonstige Merkmale
1975 - 76	USS	70$_{mech}$	2.500	Bezeichnung: P150 V4; Marine, PKW, Industrie; doppeltwirkender Motor mit Kurbeltriebwerk, 32,5% Wirkungsgrad bei 1.400 U/min, 29% bei 2.500 U/min
1976	MAN	200$_{el}$	900	Bez: 6-1400 DR, doppeltwirkender Versuchsmotor mit Kurbeltriebwerk, 6 Zylinder in Reihe
- 1977	Ford	90$_{mech}$	5.400	Bezeichnung: 4-98, PKW, doppelwirkend, 4 Zylinder im Kreis, Schiefscheibentriebwerk
- 1977	Ford	183$_{mech}$	4.000	Bezeichnung: 4-215, Einsatz im Ford-Torino, Aufbau wie vor, 39,4% Wirkungsgrad
1978	General Electric	18,9		Bezeichnung: SGPTE, Testmaschine, 38% Wirkungsgrad, einfachwirkender 2-Zylindermotor mit 2 Kolben
1978	Sunpower			Duplex-Freikolbenmotor (Vuilleumier-Prinzip)
1978	MTI	60$_{mech}$		Bezeichnung: MOD 1A, Bauart wie P 40, 36,8% Wirkungsgrad, Leistungsgewicht: 6,3 kg/kW, Erhitzertemperatur: 820°C
1978	Sunpower MTI	1,2	30 Hz	32% Wirkungsgrad, Arbeitsmedium Helium, aufgeladen mit 70 bar
1979	Sunpower			Bezeichnung: M100, Pumpe, Freizylindermotor
1980	Aisin	52$_{mech}$	2.500	Bezeichnung: MT79, erfolgreicher 1000 h - Test, Gewicht: 190 kg, Schiefscheibentriebwerk, 31% Wirkungsgrad (700 U/min), max. Drehmoment: 294 Nm bei 500 U/min.
1981	MDE	7,5	2.000	Bezeichnung: 2R70, Labormaschine (Buffer-Test), einfachwirkender 2-Zylinder-Motor (Alpha-Typ), Arbeitsgas Helium bei 150 bar
1984	A.Ross	0,027	1.500	Bezeichnung: C 60; Modell, 2-Zylinder-Motor, 2 bar, Ross-yoke-Getriebe, Erhitzertemperatur: 330°C
1984	NKA	3	600	für Öko-Haus, einfachwirkender 2-Zylinder-Motor mit Rhombentriebwerk, Arbeitsgas Luft bei 31 bar, Holzfeuerung mit 450°C Erhitzertemperatur und 50°C Kühlmedium-Temperatur
1985	STM	40	2.800	Bezeichnung: STM4-120, Testmotor, externe Heizung, auch für U-Boot-Antrieb
1985	RHB	0,36$_{mech}$	170- - 360	Martini-Ringbom-Stirlingmotor, Testmotor mit Arbeitsgas Luft bei 3 bar, 15% Wirkungsgrad, 600°C Erhitzertemperatur
1985	Sunpower	4	720	Bezeichnung: Rice husk, 1-Zylinder-Motor mit Luft als Arbeitsgas bei 8 bar, Erhitzertemperatur: 520°C, Kühlmedium-Temperatur: 77°C

Tabelle 2: Technische Daten bisher gebauter Stirlingmotoren

Zeit	Her-steller	Lei-stung kW	Dreh-zahl U/min.	Bezeichnung, Einsatzgebiet, Aufladung, Wirkungsgrad und sonstige Merkmale
1985	Mitsu-bishi	4,74$_{mech}$		Bezeichnung: NS03M, 31,5% Wirkungsgrad, 130 kg Gewicht, Arbeitsmedium Helium bei 60 bar, Erdgas-heizung mit 650°C Erhitzertemperatur und 50°C Küh-lung; 100 h Lebensdauer, NO$_x$ = 400 ppm
1985	Toshiba	3,46$_{mech}$		Bezeichnung: NS03T, 31,1% Wirkungsgrad, 180 kg Gewicht, 2-Zylinder-Motor mit Arbeitsmedium He-lium (40 bar), Erdgasheizung mit 800°C Erhitzertem-peratur und 35°C Kühlung; 100 h Lebensdauer, NO$_x$ = 150 ppm
1985	Aisin	31$_{mech}$	500 - 1.500	Bezeichnung: NS30A, 33,8% Wirkungsgrad, 250 kg Gewicht, 4-Zylinder-Motor mit Schiefscheibentrieb-werk und Arbeitsmedium Helium (120 bar), Erdgas-heizung mit 750°C Erhitzertemperatur und 50°C Küh-lung; 450 h Lebensdauer, NO$_x$ = 600 ppm
1985	Sanyo-Tokyo	34$_{mech}$		Bezeichnung: NS30S, 29,5% Wirkungsgrad, 300 kg Gewicht, Arbeitsmedium Wasserstoff/Helium, Erd-gasheizung mit 750°C Erhitzertemperatur und 50°C Kühlung; 450 h Lebensdauer, NO$_x$ = 400 ppm
1985	R., F.	0,12	55	Kolin-Flachplattenmotor, wasserbeheizt
1986	Wuhan		1.400	Bezeichnung: W-2R75, 2-Zylinder-Testmotor mit 2 Kolben, Arbeitsgas Stickstoff (5 bar), 700°C Erhitzer-temperatur, 50°C Kühlmedium
1986	Berks.	0,5	660	Testmotor mit Wärmerohr (60 kW), Arbeitsmedium Helium (3 bar)
1986	MLI	4$_{mech}$	300 - 1.500	Bezeichnung: Melse III, doppeltwirkender 3-Zylinder-Motor mit 2 Kurbeltriebwerken, Arbeitsgas Helium (16 - 49 bar), 600°C Erhitzertemperatur, 60°C Kühl-medium
1986	STI	3$_{el}$ 4,75$_{mech}$	650	Bezeichnung: ST 5, als 3. Welt-Motor bis 1989 in Indien in Serie gebaut, einfachwirkender 1-Zylinder-Motor mit Arbeitsgas Luft (5 bar), 650°C Erhitzer temperatur
1986 - 87	MTI	56$_{mech}$	4.000	Bezeichnung: Mod I, Air Force Van (Test) H, 2 x 500 h - Test, v = 73 km/h, 0 - 48 km/h in 10,5 s
1987	NMC	0,2		für Modellflugzeug, Gewicht: 300 g
1987	Sunpower	0,1$_{el}$	32 Hz	Bezeichnung: Sp 100, 12 kg Gewicht, Arbeitsgas Helium (18 bar), 650°C Erhitzertemperatur, 50°C Kühlmedium, 1000 h Lebensdauer
1987 - 88	MTI	57,5$_{mech}$	4.000	Mod I verbessert, Verbrauchs- und Klimatests im Air Force Pickup-Truck

Tabelle 2: Technische Daten bisher gebauter Stirlingmotoren

Zeit	Her-steller	Lei-stung kW	Dreh-zahl U/min.	Bezeichnung, Einsatzgebiet, Aufladung, Wirkungsgrad und sonstige Merkmale
1988	MTI	43_{mech} (60)	3.500	Bezeichnung: Mod II, für Postlieferwagen, doppelt-wirkender 4-Zylinder-Motor in V-Anordnung, Arbeitsgas Wasserstoff, 42% Wirkungsgrad, Leistungs-gewicht: 3,34 kg/kW, Ziel der ASE-Prüfung erreicht.
1988	Ni,TG,TE	1_{mech}		Bezeichnung: TNT-1, im Test; einfachwirkender Motor mit Kurbeltriebwerk und transparentem Zylinder-kopf aus Quarzglas als Receiver für Solar-Spiegel-Systeme
1989	Kufner	$0,1_{el}$	300	Bezeichnung: KF 50 HT, Arbeitsgas Luft, 75 kg Ge-wicht, 500°C Erhitzertemperatur, 80°C Kühlmedium, für Brennstoffe Holz, Biomasse, ...
1989	SPS	15	3.600	Bezeichnung: V160, noch Versuchsmotor, 2-Zylinder-Motor (α-Typ) in 90°-V-Anordnung, 100 kg Gewicht

Die Bezeichnungen deuten häufig auf die Bauart des Motors hin, so bedeutet z.B. 2-400, daß dieser Motor 2 Zylinder mit je 400 ccm Hubraum hat.

Bei den Herstellernamen wurden folgende Abkürzungen verwendet:

Aisin	Aisin Seiki Co. Ltd., Kariya-city, Japan 448
Berks.	Department of Engineering, University of Reading, Berks. United Kingdom
MDE	Shanghai Marine Diesel Engine Research Institute, China
MLI	Mechanical Engineering Laboratory, MITI, Japan
MTI	Mechanical Technology Incorporated in Latham, New York, USA
Ni,TG,TE	Nihon Uni, Koriyama, 963 Japan / Tohoku Gakuin Uni, Tagajo, 985 Japan / Tohoku Electric Power Co. Inc., Sendai, 980 Japan
NKA	Naomasa Nakajima; UNI-Tokyo / Hirotaka Kohno; Mitsui Engineering and Shipbuilding / Akihiko Azetsu; Mechanical Engineering Laboratories
NMC	New Machine Company in Kirkland, Washington, USA
R., F.	G. de Rossi, Rom / A. Fiasco, Uni Rom
RHB	G.T. Reader, P. J. Horsted, C. Barnes
SPS	Stirling Power Systems Corporation, Michigan, USA
STI	Stirling Technology Inc., Ohio, USA
STM	Stirling Thermal Motors Inc., Ann Arbor, Michigan, USA
USS	United Stirling Schweden (Malmö)
Ward	Er fuhr Tests an der Uni von Bath
Wuhan	Institute of Water Trans. Eng. Wuhan, China

1.2 Thermodynamische Grundlagen

Um sich ein Bild von der Thermodynamik der Stirlingmaschine machen zu können, ist es unumgänglich, die Hauptsätze der Thermodynamik zu begreifen. Sie sollen hier nur kurz wiedergegeben werden, ihr tieferes Verständnis wird vorausgesetzt.

Der 0. Hauptsatz der Thermodynamik
Zwei geschlossene Systeme sind im thermischen Gleichgewicht miteinander, wenn sie beide die gleiche Temperatur haben.

Der 1. Hauptsatz der Thermodynamik (Energiesatz)
Die Wärme ist eine Energieform, und somit gilt der Energiesatz. In einem geschlossenen System bleibt die Summe aller Energien gleich.

Der 2. Hauptsatz der Thermodynamik (Entropiesatz)
Ideale Prozeße sind reversibel gedachte Grenzfälle irreversibler Prozesse. Natürliche Prozesse sind irreversibel.
Bei einem reversiblen Prozeß bleibt die Summe der Entropien aller am Prozeß beteiligten Systeme konstant, bei einem irreversiblen Prozeß wächst die Summe der Entropien im Gesamtsystem. Dabei wandelt sich Exergie in Anergie. Umgekehrt ist es nicht möglich, Anergie in Exergie zu verwandeln, obwohl es immer wieder viele versuchen.

Der 3. Hauptsatz der Thermodynamik
Die Entropie jedes festen, kristallisierten, aus lauter gleichartigen und gleich orientierten Teilen bestehenden Körpers nähert sich bei der Annäherung an den absoluten Nullpunkt dem Wert Null. Der absolute Nullpunkt ist jedoch nicht erreichbar.

$$dS = \frac{dH - Vdp}{T} \rightarrow 0 \ \text{für} \ T \rightarrow 0$$

1.2.1 Ideale Prozesse (Vergleichsprozesse)

Ein Prozeß, bei dem ein System seinen Anfangspunkt wieder erreicht, ist ein Kreisprozeß. Für solche Kreisprozesse lassen sich verschiedene *Wirkungsgrade* angeben:

- *der thermische Wirkungsgrad* η_{th} :
  im idealen Prozeß das Verhältnis von Nutzarbeit zur zugeführten Wärme.
  $\eta_{th} = |W_k| / Q_{zu}$

- *der exergetische Wirkungsgrad* φ_{th} :
  im reversiblen (idealen) Kreisprozeß das Verhältnis von Nutzarbeit und der Exergie der zugeführten Wärme. $\varphi_{th} = |W_k| / E_{qzu}$

- *der innere Wirkungsgrad* η_i :
  das Verhältnis der Arbeit des irreversiblen Prozesses zu der des idealisierten Kreisprozesses. $\eta_i = W_{ik} / W_k$

- *der mechanische Wirkungsgrad* η_m :
  Verhältnis der Kupplungsarbeit zur inneren Arbeit des Kreisprozesses.
  $\eta_m = W_{ek} / W_{ik}$

- *der Nutzwirkungsgrad (oder auch Gesamtwirkungsgrad)* η_e :
  das Verhältnis von Kupplungsarbeit zu zugeführter Wärme.
  $\eta_e = |W_{ek}| / Q_{izu} = \eta_{th} \cdot \eta_i \cdot \eta_m$

Der Carnot - Prozeß

Beim Carnot - Prozeß wird der größte überhaupt mögliche Anteil der zugeführten Wärme in Nutzarbeit umgewandelt. Daher dient dieser als Vergleichsprozeß zur Beurteilung anderer Kreisprozesse. Trotzdem gibt es noch eine Reihe anderer Prozesse mit einem nahezu gleichen Wirkungsgrad. So werden beispielsweise mit dem Stirling- und dem Ericsson-Prozeß bei den gleichen Temperaturen T_o und T_u auch die gleichen Wirkungsgrade errechnet.
Der Carnot-Prozeß besteht aus 2 Isothermen und 2 Isentropen.

Beim Motor liefert der Carnot-Prozeß folgende Ergebnisse:

Nutzarbeit $\quad : W_{carnot} = -(1 - T_3 / T_1) * Q_{12}$

Wirkungsgrad $\quad : \eta_{carnot} = |W_{carnot}| / Q_{12} = 1 - T_3 / T_1$ (Carnotfaktor)

Aus den Hauptsätzen kann gefolgert werden:

$\eta_{carnot} = 1$ ist nicht erreichbar, weil T_3 praktisch nicht auf Null gesenkt werden kann.

$\eta_{carnot} = 0,$ wenn kein Temperaturgefälle besteht.

Der Wirkungsgrad ist umso günstiger, je höher T_1 und je niedriger T_3 ist.

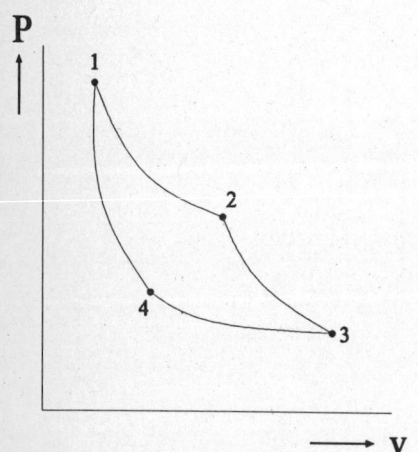 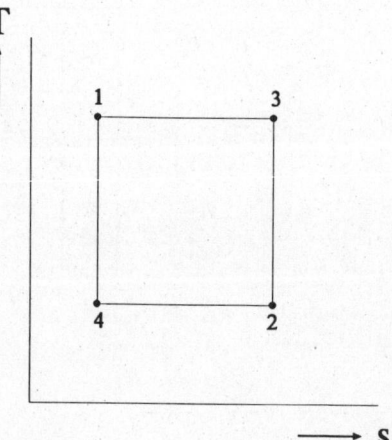

Abb. 1: Der Carnot - Prozeß
links: p-v Diagramm

rechts: T-s Diagramm

18

Bei der Wärmepumpe (linkslaufender Prozeß) liefert der Carnot-Prozeß folgende Ergebnisse:

Leistungszahl allgemein: $\epsilon_w = |Q_{ab}| / W_k = Q_{ab} / \Sigma Q$

Leistungszahl Carnot: $\epsilon_{w\,carnot} = 1 / \eta_{carnot} = T_1 / (T_1 - T_3)$

Die Leistungszahl wird auch oft als *Heizzahl* bezeichnet.

Beim Kaltwassersatz (Kühlmaschine) (ebenfalls linkslaufender Prozeß) liefert der Carnot-Prozeß folgende Ergebnisse:

Leistungszahl allgemein: $\epsilon_k = Q_{zu} / W_k = Q_{zu} / |\Sigma Q|$

Leistungszahl Carnot : $\epsilon_{k\,carnot} = T_3 / (T_1 - T_3)$

Die Leistungszahl wird auch oft als *Kühlziffer* bezeichnet.

Der Zusammenhang zwischen ϵ_w und ϵ_k lautet: $\epsilon_w = 1 + \epsilon_k$

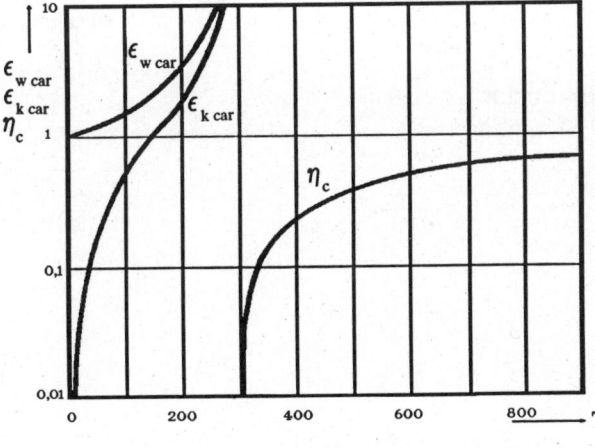

Abb. 2:
Carnot-Faktoren thermischer Maschinen bei einer Umgebungstemperatur von 300 K (27°C).

Der Diesel - Prozeß (Gleichdruckprozeß)

Dieser Prozeß dient als Vergleichsprozeß für langsamlaufende Verbrennungsmotoren und besteht aus 2 Isentropen, einer Isobaren und einer Isochoren.

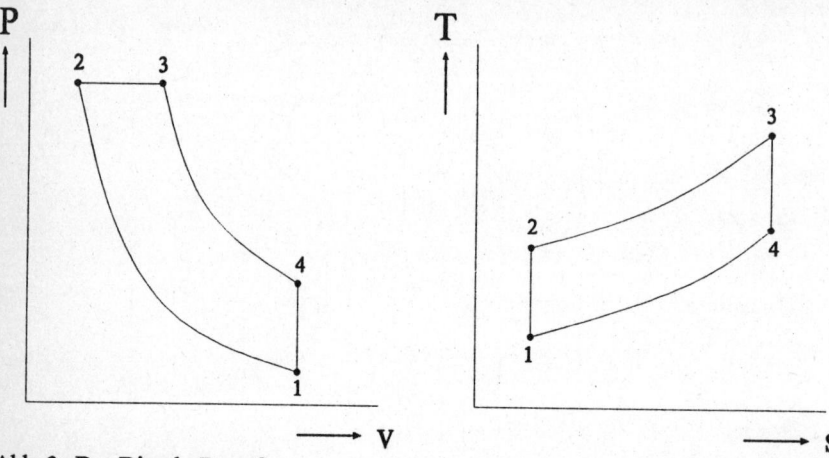

Abb. 3: Der Diesel - Prozeß
links: p-v Diagramm

rechts: T-s Diagramm

Der Otto - Prozeß (Gleichraumprozeß)

Dieser Prozeß dient als Vergleichsprozeß für Verbrennungsmotoren und besteht aus 2 Isentropen und 2 Isochoren.

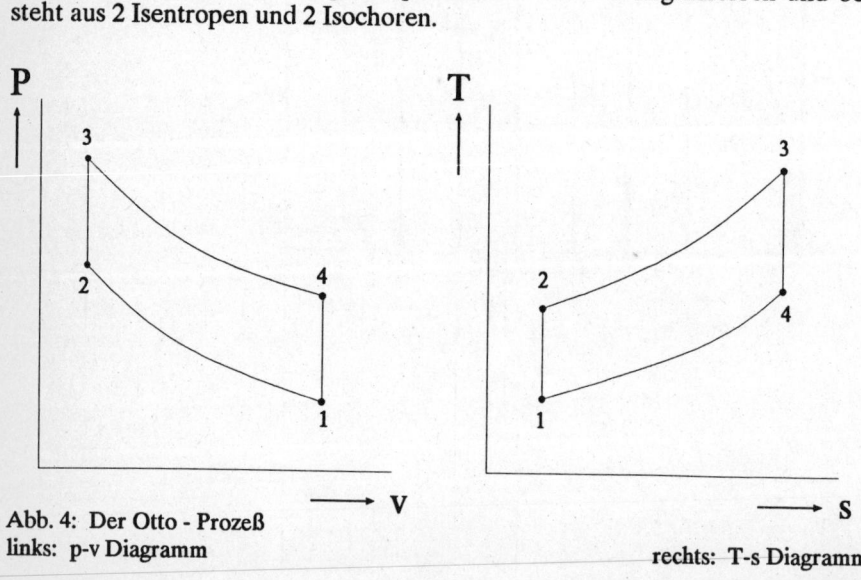

Abb. 4: Der Otto - Prozeß
links: p-v Diagramm

rechts: T-s Diagramm

20

Der Clausius - Rankine - Prozeß

Dieser Prozeß dient als Vergleichsprozeß für Dampfkraftmaschinen und besteht aus 2 Isentropen und 2 Isobaren.

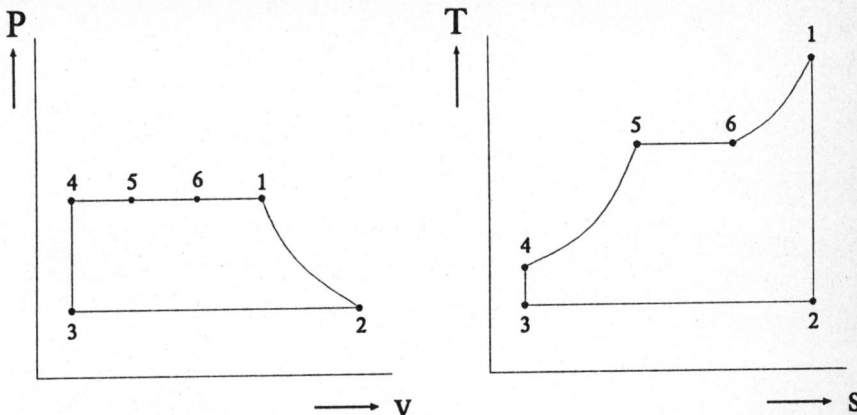

Abb. 5: Der Clausius - Rankine - Prozeß
links: p-v Diagramm   rechts: T-s Diagramm

Der Joule - Prozeß (Brayton - Prozeß)

Dieser Prozeß dient als Vergleichsprozeß für einfache, offene Gasturbinenanlagen und besteht aus 2 Isentropen und 2 Isobaren.

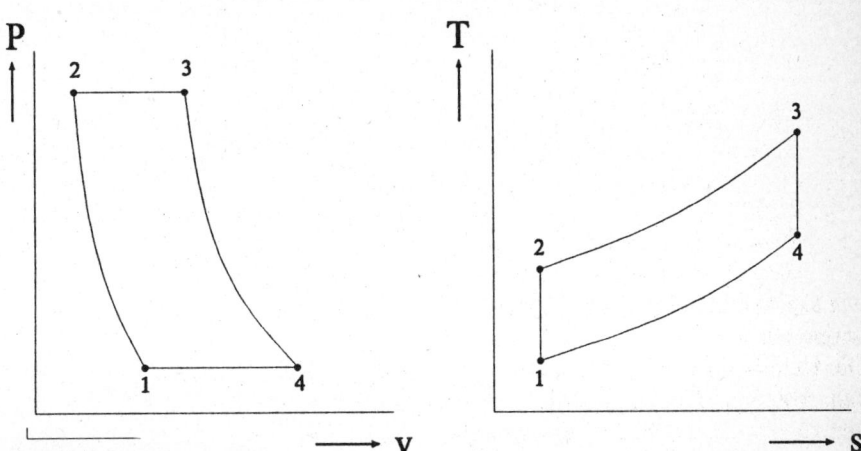

Abb. 6: Der Joule - Prozeß
links: p-v Diagramm   rechts: T-s Diagramm

Der Ericsson - Prozeß (Ackeret - Keller - Prozeß)

Dieser Prozeß dient als Vergleichsprozeß für geschlossene Gasturbinenanlagen und besteht aus 2 Isothermen und 2 Isobaren.

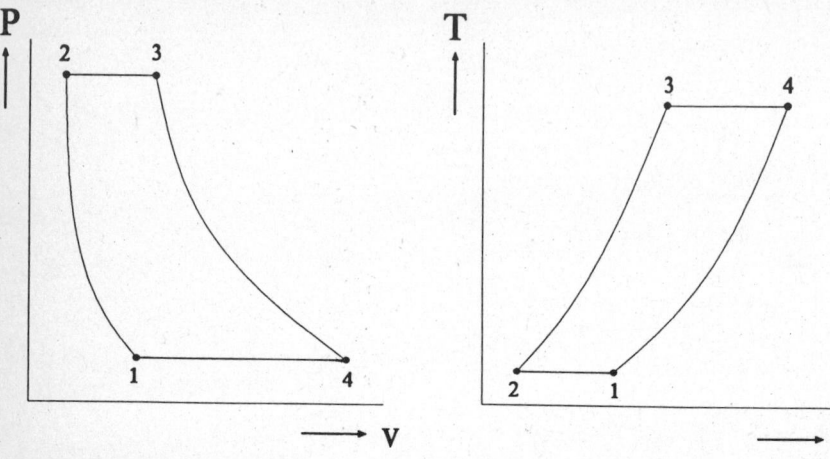

Abb. 7: Der Ericsson - Prozeß
links: p-v Diagramm

rechts: T-s Diagramm

Der Planck - Prozeß

Dieser Prozeß ist die Umkehrung des Claudius-Rankine-Prozesses, dient als Vergleichsprozeß für Dampf-Kältemaschinen und besteht aus einer Isentropen, 2 Isobaren und einer Isenthalpen.

Der Vuilleumier - Prozeß

Dieser Prozeß dient als Vergleichsprozeß für die Vuilleumier-Maschine und besteht aus einem rechts- (geheizter Zylinder) und einem linkslaufenden (kalter Zylinder) Kreisprozeß. Werden die Prozesse in den jeweiligen Zylindern nicht einzeln, sondern der Prozeß der Maschine im Ganzen betrachtet, so heben sich die Integrale gegenseitig auf, das heißt, daß zum Betreiben dieser Maschine nur noch die mechanische Eigenreibung zu überwinden ist.
Die technische Umsetzung ist in den Kapiteln 1.4.8 und 3.1.5 genauer beschrieben. Abb. 9 und 10 zeigen die Werte, die mit Wärmepumpen und Kältemaschinen nach diesem Prinzip theoretisch erreichbar sind.

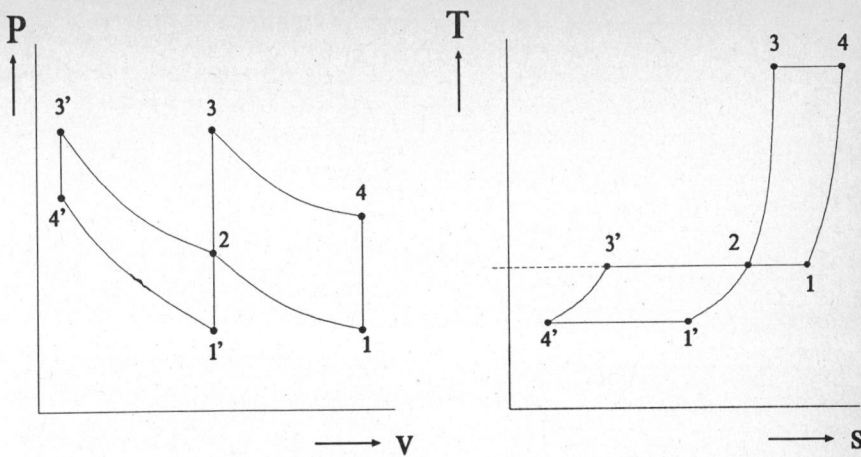

Abb. 8: Der Vuilleumier - Prozeß
links: p-v Diagramm   rechts: T-s Diagramm

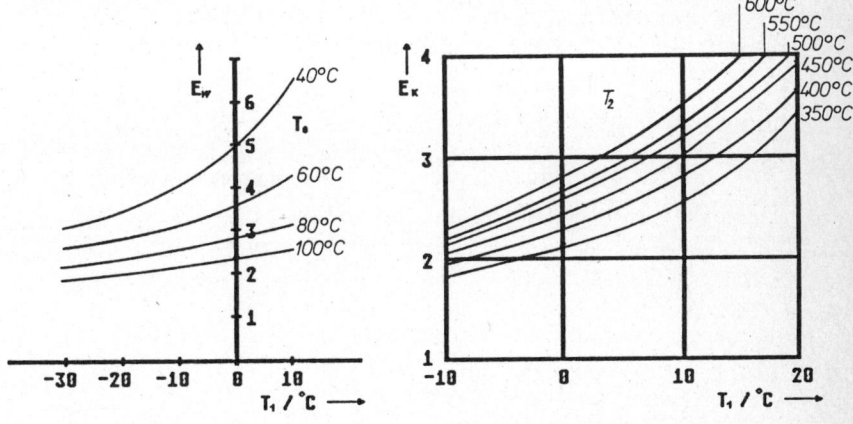

Abb. 9:
Theoretisch erreichbare Heizzahl ϵ_w für
eine Heiztemperatur von $T_2 = 600°C$

Abb. 10:
Theoretisch erreichbare Kühlziffer ϵ_k

23

Der Seiliger - Prozeß

Dieser Prozeß dient als Vergleichsprozeß für Verbrennungsmotoren und besteht aus 2 Isentropen, einer Isobaren und 2 Isochoren.

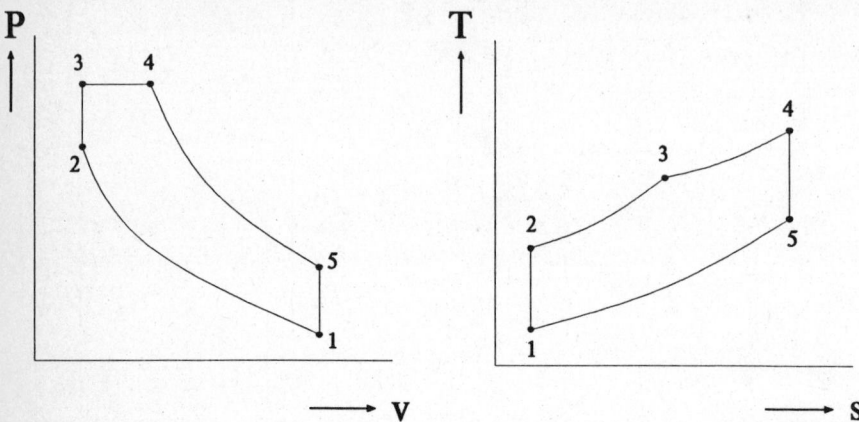

Abb. 11: Der Seiliger - Prozeß
links: p-v Diagramm   rechts: T-s Diagramm

Der Stirling - Prozeß

Dieser Prozeß dient als Vergleichsprozeß für Stirlingmaschinen und besteht aus 2 Isothermen und 2 Isochoren.

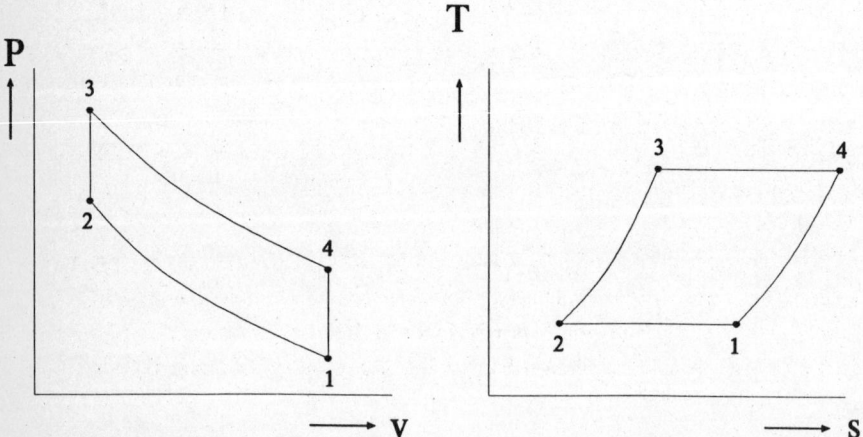

Abb. 12: Der Stirling - Prozeß
links: p-v Diagramm   rechts: T-s Diagramm

24

Die Theorie liefert folgende Zusammenhänge (Grenzwerte):

Verdichtungsverhältnis: $\epsilon = V_1 / V_2$

Nutzarbeit: $|W_{st}| = -W_{st} = m \cdot R_i \cdot (T_3 - T_1) \cdot \ln \epsilon$

thermischer Wirkungsgrad: $\eta_{th} = 1 - T_1 / T_3$

exergetischer Wirkungsgrad: $\varphi_{th} = (T_3 - T_1) / (T_3 - T_b)$

mit

m = Gasmasse,

R_i = spezifische Gaskonstante und

T_b = Umgebungstemperatur

Beim Stirling-Prozeß werden, wie beim Ericsson-Prozeß, für η_{th} und φ_{th} die gleichen Werte wie beim Carnot-Prozeß, also die bestmöglichen, erreicht.

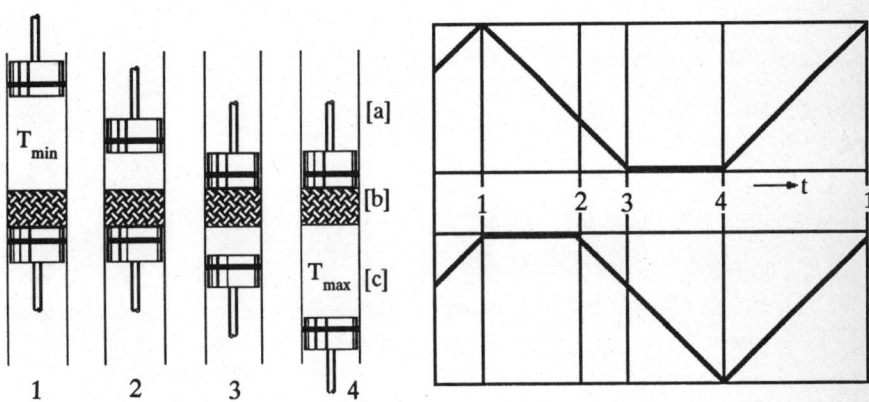

Abb. 13: Der Stirling-Prozeß im Detail

links: Kolbenstellungen   rechts: Zugehöriges Weg-Zeit-Diagramm

[a] → Kompressionsraum   [b] → Regenerator   [c] → Expansionsraum

Zustandsänderungen:

1....2   Isotherme Kompression; Wärmeabfuhr nach außen; Arbeitszufuhr von außen.

2....3   Isochore innere Wärmezufuhr vom Regenerator (Verdrängerkolben).

3....4   Isotherme Expansion; Wärmezufuhr von außen; Arbeitsabfuhr nach außen.

4....1   Isochore innere Wärmeabfuhr an den Regenerator (Verdrängerkolben).

Vergleich verschiedener Kreisprozesse

In Tabelle 3 sind die errechneten (theoretisch erreichbaren) Wirkungsgrade und mittlere Drücke von Kreisprozessen zusammengestellt, wie sie an den Maschinen des 19. Jahrhunderts (etwa bis 1880) ausführbar waren.

Prozeß	Wirkungsgrad [η] %	Mitteldruck [p] bar	Bemerkungen
Carnot	52	sehr klein	nicht ausführbar !
Joule	25	0,6	-------
Ericsson	52	0,6	mit Regenerator
Stirling	52	1,2	mit Regenerator
Otto	35	5,4	Viertaktmotor
		2,7	gedachter gleichstarker 2-Takt-Motor

Tabelle 3: Ideale Wirkungsgrade verschiedener Kreisprozesse

1.2.2 Der reale Stirling-Prozeß

Der ideale Stirlingprozeß ist, wie auch alle anderen idealen Kreisprozesse, nicht genau zu realisieren. Die nachfolgende Auflistung der Gründe dafür ist gleichzeitig auch eine Einführung in die Problematik des Stirlingmotors.

Gründe, warum der reale Prozeß vom idealen abweicht:

a) *Diskontinuierliche Kolbensteuerung ist nur begrenzt möglich.*

   Um den Wirkungsgrad zu verbessern (der Kreisprozeß wird in den Ecken besser ausgefahren) und den Totraum so klein wie möglich zu halten, ist eine diskontinuierliche Kolbensteuerung sinnvoll (Abb. 14). Leider ist diese nur begrenzt erreichbar und mit Nachteilen wie Geräuschentwicklung, höhere mechanische Belastungen, usw. verbunden.

b) *Die Gasgeschwindigkeit ist zu hoch, dadurch sind isotherme Zustandsände-rungen nur schlecht möglich.*

Bei einem Motor mit 1000 Umdrehungen/min wird der Kreisprozeß ca. 17 mal in der Sekunde durchlaufen so daß für die Wärmeübertragung kaum Zeit zu Verfügung steht; daher läuft in praktischen Maschinen oftmals eine nahezu adiabatische Zustandsänderung ab, die eine geringere Nutzarbeit erbringt und eine höhere Kompressionsarbeit erfordert. Eine Annäherung an die Isotherme kann nur durch eine verbesserte Wärmeübertragung erzielt werden.

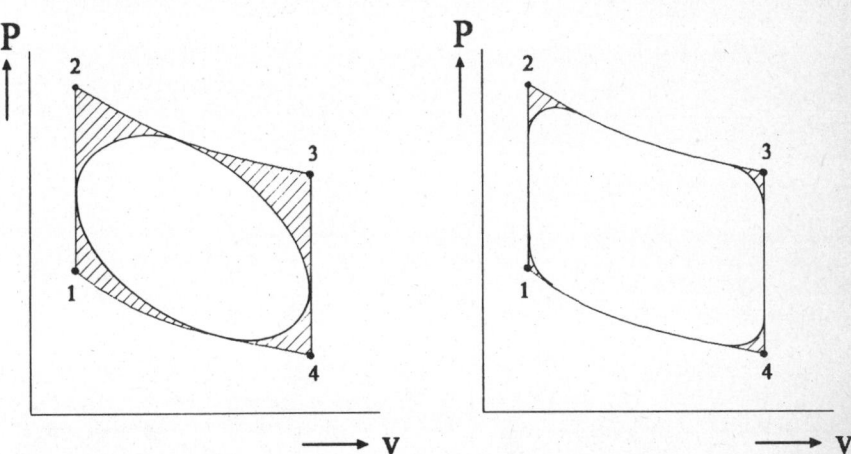

Abb. 14: Auswirkungen der Bewegungsarten auf den Kreisprozeß
links: sinusförmige Bewegung rechts: diskontinuierliche Bewegung

c) *Der Regeneratorwirkungsgrad von 100% kann nicht erreicht werden.*

Das heißt, daß das Arbeitsgas den kalten Raum etwas wärmer und den heißen Raum etwas kälter als vorgesehen erreicht, was dazu führt, daß der Kühler eine größere Wärmemenge ab- und der Erhitzer eine größere Wärmemenge zuführen muß, als es im Idealfall notwendig wäre. Im allgemeinen gilt für den Regenerator: Je größer der Wirkungsgrad, um so größer sind die Strömungsverluste durch Verwirbelungen. In der Praxis werden Regeneratorwirkungsgrade von über 95 % erreicht.

Regeneratorwirkungsgrad: $\eta_{Reg} = (T_{ist} - T_1) / (T_2 - T_1)$ mit

T_1 = Temperatur (niedriges Niveau)

T_2 = Temperatur (hohes Niveau)

T_{ist} = Tatsächliche Temperatur hinter dem Regenerator (heiße Seite).

d) *Totraumeffekte.*

Im Idealfall befindet sich das gesamte Arbeitsmedium im Expansions- und Kompressionsraum. Doch bei den meisten realisierten Maschinen beträgt der Totraum ca. 40 - 50% des Gesamtvolumens. Meistens befinden sich in diesem Totraum die Wärmetauscheraggregate (Erhitzer, Regenerator, Kühler). Die geänderten Volumenverhältnisse bringen aber auch veränderte Druckverhältnisse mit sich, die sich sehr negativ auf den Gesamtwirkungsgrad auswirken (Abb. 15).

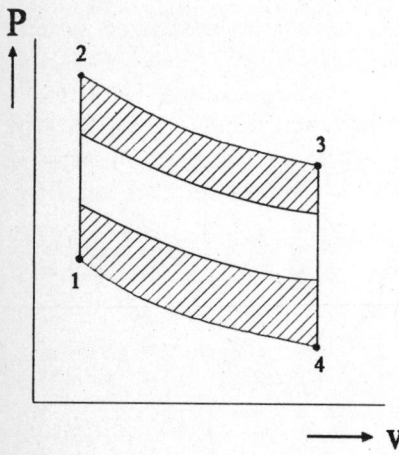

Abb. 15:
Auswirkung des Totraums auf den Kreisprozeß im p-v Diagramm

e) *Dissipation durch Arbeitsgas- und Druckverluste.*

Da bewegende Teile sich nicht 100% ig abdichten lassen, muß damit gerechnet werden, daß Arbeitsgas (vor allem, wenn mit hohem Druck gefahren wird) und Druck nach außen entweichen, was den Gesamtwirkungsgrad senkt. Insbesondere muß der Arbeitskolben nahezu 100% abdichten, denn hier kann der größte Leistungsanteil verloren gehen. In der Tat ist dieses Dichtungsproblem eines der größten beim Bau von Stirlingmotoren, dessen Lösung erhebliche ingenieurtechnische Kenntnisse erfordert.

Eine Lösung des Dichtungsproblems bieten die immer beliebter werdenden Freikolbenmotoren. Da bei dieser Bauform keine beweglichen Teile nach außen führen, können diese Motoren hermetisch abgedichtet werden. So wurde z.B. an der TU-München eine Vuilleumiermaschine mit 40 bar Helium aufgeladen und verlor nur 2 bar Druck in 4 Monaten.

f) *Dissipation durch reales Gas (irreversible Zustandsänderungen).*

Dazu gehören Strömungsverluste (hauptsächlich durch Verwirbelungen im Regenerator), aber auch die inneren Reibungen der Gase, die dadurch Exergie in Anergie wandeln.

g) *Dissipation durch Reibung (irreversible Zustandsänderungen).*

Dieser Verlust tritt an allen mechanischen Reibflächen (Lager, Zylinderwandung, Zahnräder, usw.) auf, wobei mechanische Exergie in Reibungswärme (Anergie) umgewandelt wird.

h) *Pendelverluste.*

Dieser Wärmeleitungsverlust entsteht durch die Bewegung des Verdrängers. Befindet sich der Verdränger in einer der beiden Totlagen, so entsteht jeweils ein Wärmestrom über die Zylinderwand in Richtung des Temperaturgefälles nach außen. Diesen Effekt könnte man durch einen kürzeren Hub verringern, wobei allerdings der Zylinderdurchmesser und damit die Wärmeverluste längs des Zylinders wieder ansteigen.

Der Verlust läßt sich angenähert beschreiben durch:

$$P = 0,4 * L^2 * k * D * (T_E - T_C) * Z/S \qquad \text{mit}$$

P   Pendelwärmeübertragungsleistung in W
L   Hublänge in cm
k   Wärmeleitfähigkeit des Arbeitsgases in W/(mK)
D   Verdrängerdurchmesser in cm
T_E Erhitzertemperatur in K
T_C Kühlertemperatur in °C
S   Spalt zwischen Verdränger und Zylinder in cm
Z   Länge des Verdrängers

Der Gesamtverlust

Die Auswirkung aller genannten Verluste auf den realen Prozeß sind in Abb. 16 skizziert. Abb. 17 zeigt das Energieflußdiagramm und die Verluste eines realen Stirlingmotors. Die angegebenen Wirkungsgrade wurden von Dr.-Ing. F. Zacharias und seinem Team bei der MAN in Augsburg an einem Philipsmotor mit Rhombengetriebe ermittelt.

Tendenziell ist dieser Energiefluß für fast alle Stirlingmaschinen bezeichnend. Einige Motoren neuerer Bauart erreichen jedoch Wirkungsgrade von über 40% (an der Abtriebswelle). Wird die anfallende Niedertemperaturwärme als Nutzwärme (z.B. zur Brauchwassererwärmung) verwendet und in die Bilanz einbezogen, läßt bei modernen Stirlingmaschinen der Gesamtwirkungsgrad auf rund 70% steigern.

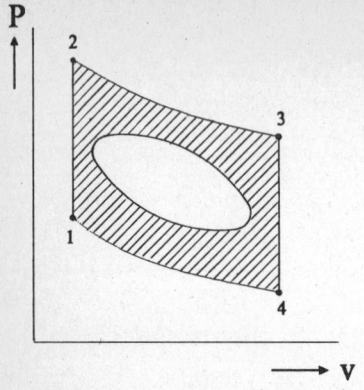

Wird nun die Nutzenergie zum Betrieb einer Wärmepumpe genutzt (wie bei
der Duplex- oder ähnlich wie bei der Vuilleumiermaschine), so sind bereits
Heizzahlen von 1,92 realisierbar. Die theoretisch erreichbare Gesamtheizzahl
beträgt:

$$\epsilon_{ges,theor} = (Q_1 + Q_2) / Q_2 > 2{,}0$$

wobei $Q_0 = Q_1 + Q_2$ den Nutzwärmestrom und Q_2 den Erhitzerwärmestrom
bezeichnet.

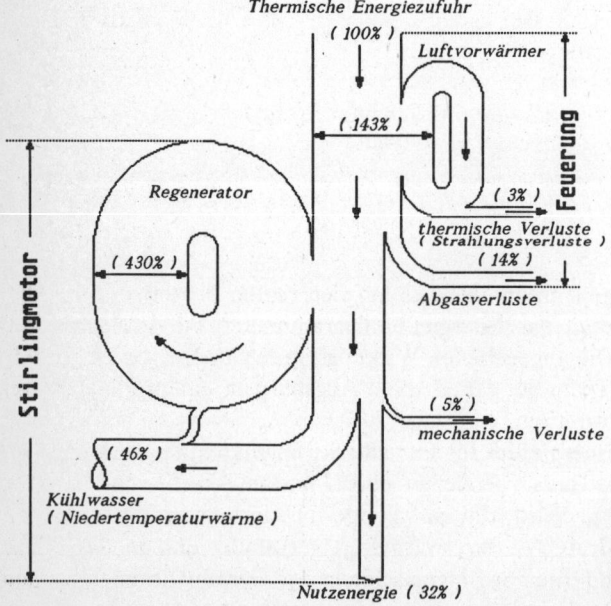

Abb. 17:
Energiefluß und Wirkungs-
grad eines Stirlingmotors
Quelle (4)

1.3 Das Funktionsprinzip des Stirlingmotors

Es gibt sehr viele verschiedene Prinzipien, den idealen Stirlingprozeß zu realisieren. Mindestens ebenso viele Antworten gibt es auf die Frage, wie wohl ein "Stirlingmotor" funktioniert. Ich zeige hier eines der einfachsten Modelle auf, wobei ich den Schwerpunkt darauf lege, daß wirklich jeder dieses Prinzip versteht; denn viele Menschen sind, wenn sie diesen Motor laufen *sehen*, überrascht, daß er tatsächlich läuft - *hören* kann man ihn ja kaum.

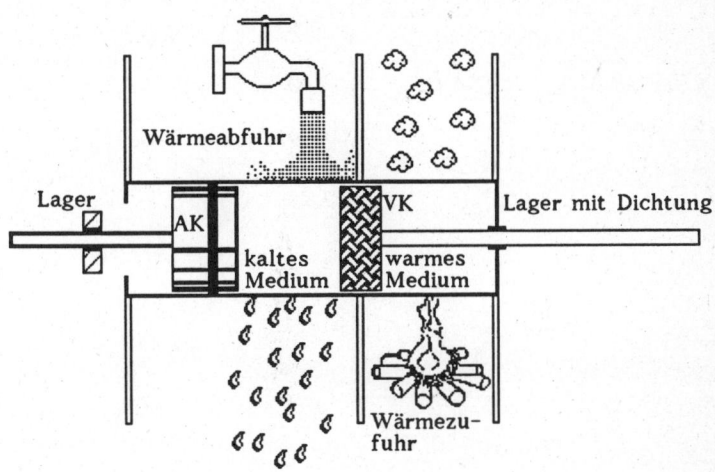

Abb. 18 a: Einfaches Modell zur Funktion des Stirling-Motors

AK → Arbeitskolben   VK → Verdrängerkolben mit Regenerator

Wird der Verdränger nach rechts bewegt (Abb. 18 b), so muß das heiße Medium (Arbeitsgas) durch den Regenerator in den kalten Raum. Das Medium gibt zunächst viel von seiner Wärme an den Regenerator ab. Danach kühlt es sich im gekühlten Raum weiter ab. Durch die Abkühlung vergrößert sich die Dichte des Mediums, was gegenüber der warmen Seite zu einem Unterdruck führt und den Arbeitskolben veranlaßt, Arbeit zu verrichten.
Danach wird der Verdränger mit dem Regenerator nach links in den kalten Raum bewegt (Abb. 18 c). Das kalte Medium muß nun wieder durch den heissen Regenerator zurück in den warmen Raum. Dabei nimmt es im Regenerator die zuvor abgegebene Wärmeenergie wieder auf und wird dann im erwärm-

ten Raum weiter aufgeheizt. Das Medium will sich nun ausdehnen und kann dabei erneut am Arbeitskolben Arbeit verrichten.

Wird der Verdrängerkolben über ein Triebwerk oder ein schwingfähiges System im richtigen Phasenwinkel zum Arbeitskolben gekoppelt, kann das gesamte System als selbstständige Wärme-Kraft-Maschine arbeiten.

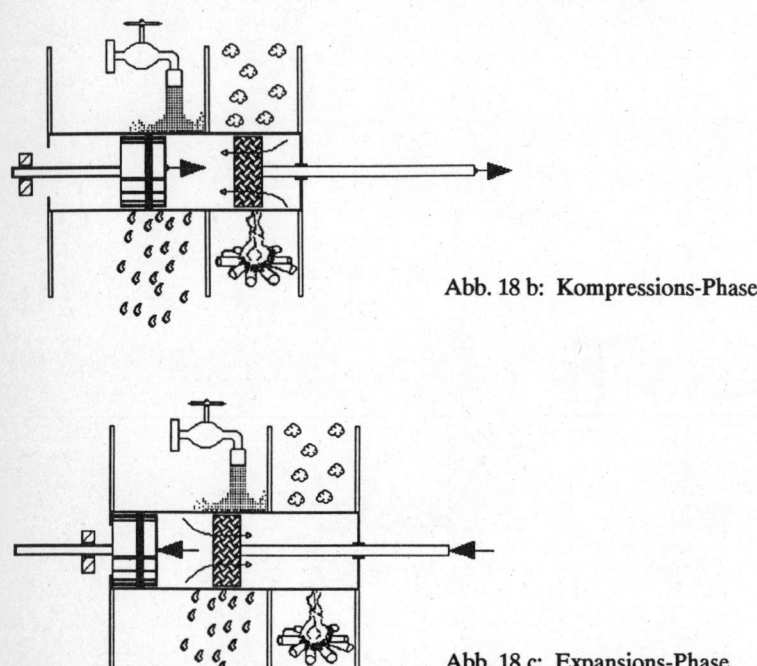

Abb. 18 b: Kompressions-Phase

Abb. 18 c: Expansions-Phase

1.4 Typologie der Stirlingmaschinen

Die Einteilung der Stirlingmotoren kann nach sehr verschiedenen Kriterien erfolgen. Ich werde hier versuchen, möglichst alle in der Literatur genannten Motoren nach Bauarten in Gruppen einzuteilen und kurz vorzustellen - jedoch ohne Anspruch auf Vollständigkeit, da in keiner mir bekannten Literatur alle Verwandten der sehr großen Stirlingfamilie aufgeführt sein dürften.

1.4.1 Einfachwirkende Motoren

»Einfach wirkend« bedeutet, daß nur eine Seite des Arbeitskolbens bzw. des Verdrängers auf die Druckschwankungen im Arbeitsraum reagiert.

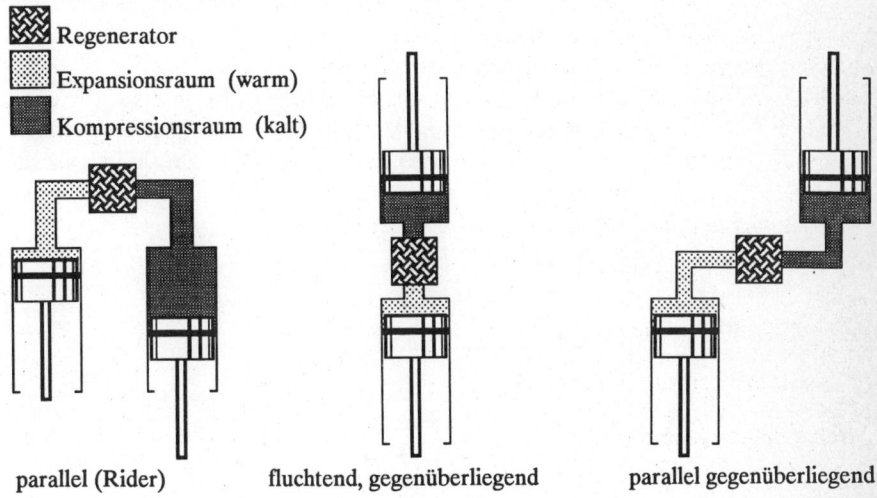

Regenerator

Expansionsraum (warm)

Kompressionsraum (kalt)

parallel (Rider)   fluchtend, gegenüberliegend   parallel gegenüberliegend

Abb. 19: Verschiedene Anordnungen des Alpha-Typs

Auch andere Anordnungen wurden bisher erdacht und gebaut, z.B. Rotationszylinder von Finkelstein, V-Zylinder, u.ä.

Der Alpha-Typ

Die beiden Kolben sind in zwei Zylindern untergebracht, d.h. mindestens ein Kolben wird im heißen Raum betrieben, was Dichtungsprobleme mit sich bringt. Deshalb wird diese Art der einfachwirkenden Maschine meistens bei den Niedertemperatur-Maschinen für den Einsatz in Kühlschränken oder Wärmepumpen ausgewählt.

33

Beim Alpha-Motor sind der Verdränger und der Arbeitskolben nicht getrennt, sondern beide Kolben führen die Aufgaben gemeinsam aus. Der Expansionskolben auf der heißen Seite verrichtet während der Hochdruckphase die Arbeit. Der Kompressionskolben muß hingegen einen Teil dieser Arbeit wieder aufwenden, um das Medium zu komprimieren. Die dazu nötige Kraft kommt vom Schwungrad, das einen Teil seiner Rotationsenergie abgibt.

Neben den in Abb. 19 dargestellten Varianten wurden auch andere Anordnungen erdacht und gebaut, z.B. der Rotationszylinder von Finkelstein oder eine V-förmige Zylinderanordnung.

Der Beta-Typ

Beide Kolben laufen in einem Zylinder. Die allgemein übliche Bauweise sieht die Arbeitskolben- und die Verdränger-Schubstange auf der kalten Seite (Kompressionsseite) vor, damit die Dichtungen zwischen der Schubstange des Verdrängers und dem Arbeitskolben nicht zusätzlich zu den hohen Drücken, auch noch mit hohen Temperaturen beaufschlagt werden.

Die Beta-Bauart hat, im Vergleich zur nachfolgend beschriebenen Gamma-Konfiguration, den großen theoretischen Vorteil, daß ein größeres Verdichtungsverhältnis möglich ist. Auch kann das größere Totvolumen (bei gleichem Kompressionsverhältnis) dazu genutzt werden, daß bis zu 30% größere Wärmetauscher montiert werden können als bei der Gamma-Version.

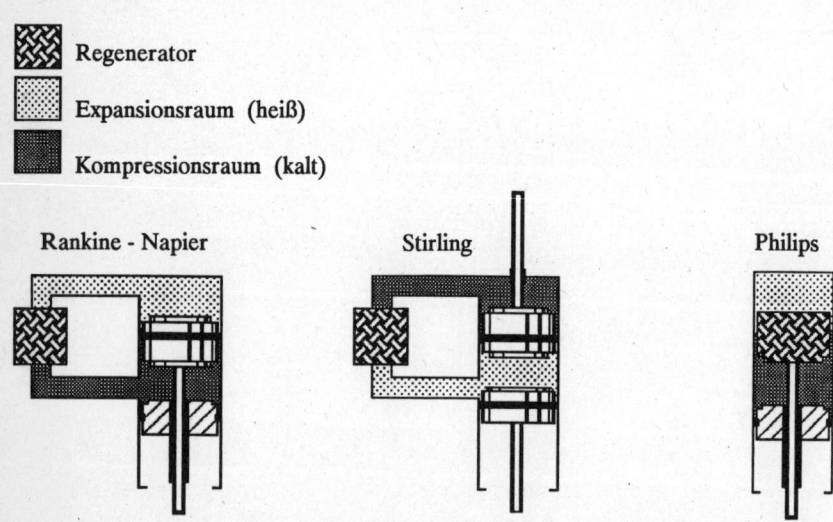

Abb. 20: Verschiedene Anordnungen des Beta-Typs

Der Gamma-Typ

Bei dieser Anordnung sind der Verdrängerkolben und der Arbeitskolben in zwei verschiedenen Zylindern untergebracht. Diese Konfiguration wird von Graham Walker auch als Split-Stirling bezeichnet. Es sind hier sehr viele Variationen in der Anordnung der Zylinder zueinander möglich (parallel, koaxial, ...).

Externer Regenerator:

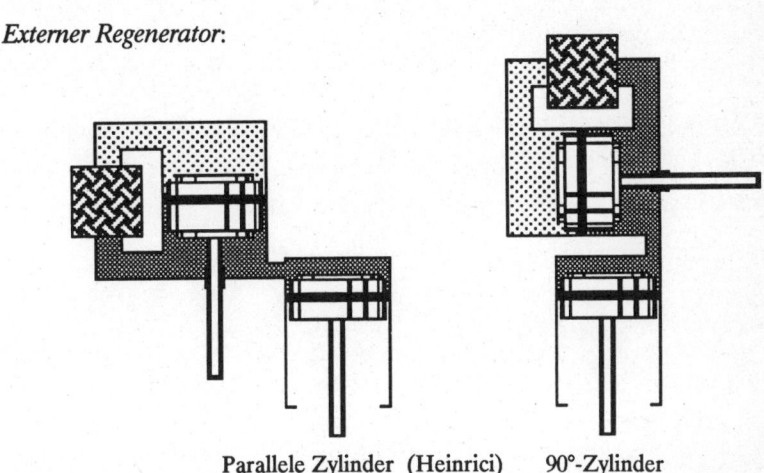

Parallele Zylinder (Heinrici)   90°-Zylinder

Regenerativer Verdränger:

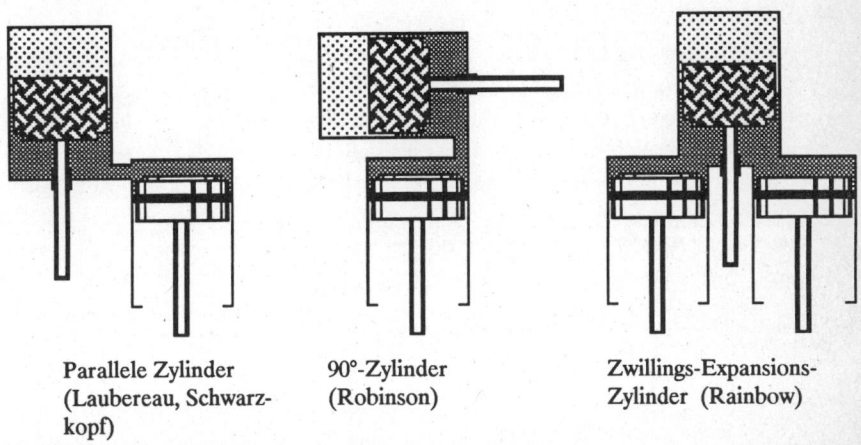

Parallele Zylinder   90°-Zylinder   Zwillings-Expansions-
(Laubereau, Schwarz-   (Robinson)   Zylinder (Rainbow)
kopf)

Abb. 21: Verschiedene Anordnungen des Gamma-Typs

35

1.4.2 Doppeltwirkende Motoren

Bei doppeltwirkenden Stirlingmaschinen wirkt der Druck des Arbeitsmediums auf beide Seiten der Kolben. Diese Kolben sind zugleich Verdränger und Arbeitskolben.

Der Franchot-Stirlingmotor

Die beiden Kolben und die dazugehörigen Zylinder begrenzen vier variable Volumina, welche paarweise als zwei separate Alpha-Maschinen angesehen werden können. Wie in der einfachwirkenden Alpha-Maschine müssen der Expansions- und der Kompressionskolben eine Phasenverschiebung von ungefähr 90° aufweisen. Ein Problem bildet die Dichtung zwischen Zylinder und Schubstange auf der heißen Seite des Zylinders.

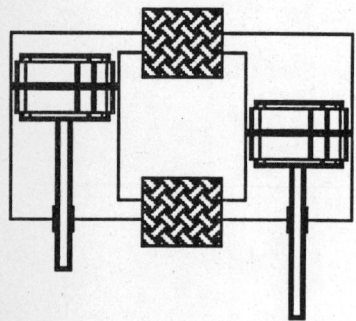

Abb. 22:
Prinzip des Franchot-Stirlingmotors (1853)
(nach Finkelstein)

Der Siemens-Stirlingmotor

Bereits 1863 konstruierte Sir William Siemens diesen doppeltwirkenden 4-Zylinder-Motor. 1940 wurde dieses Prinzip von Ir. van Weenan im Rahmen des Philips-Forschungsprogramms das 2. Mal erfunden und ist nun Standardkonfiguration bei den meisten leistungsstarken Stirlingmotoren. Bei dieser Ausführung befindet sich jeweils auf einer Seite des Kolbens ein Kompressionsraum (kalt), wodurch die Dichtungen nur mit relativ kleinen Temperaturen beaufschlagt werden. Als Beispiel ist hier ein Vierzylinder-Motor dargestellt (Abb. 23). In der Praxis besteht jedoch keine Limitierung der Zylinderzahl.

Die Siemens - Maschine kombiniert die Vorteile der Doppelwirkung mit den kleinen Temperaturen für die Dichtungsseite. Dadurch ist die Basis für einen Hochleistungs - Stirlingmotor gelegt. Bei der Ausführung sind sehr viele Bauarten möglich und sinnvoll (z.B. Schaltung der Zylinder in Reihe, U, V, im Viereck oder im Kreis). Ein ausgeführter Motor dieser Bauart ist z.B der 4-95 er von United Stirling mit einer Leistung von ca. 52 kW$_{mech}$.

Betrachtet man eine einzelne Sektion des Siemens-Motors, so erkennt man, daß es sich hierbei um den Alpha-Typ handelt.

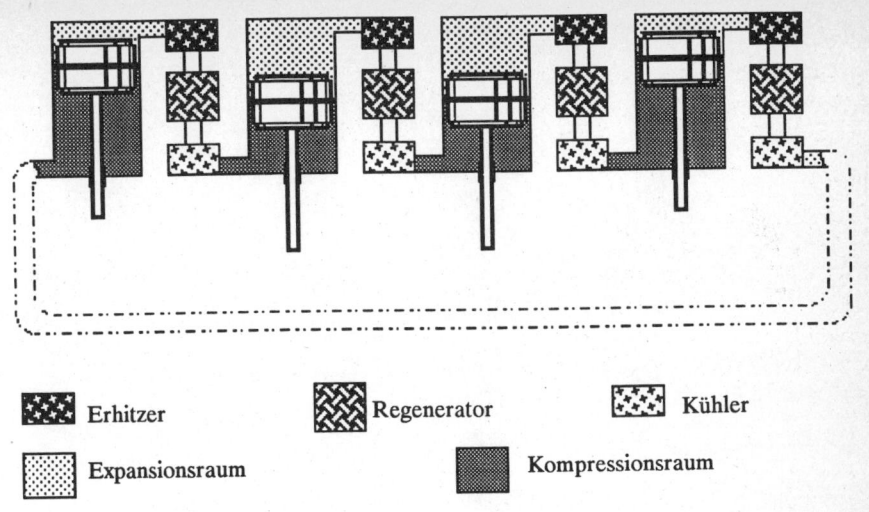

| Erhitzer | Regenerator | Kühler |

■ Expansionsraum   ■ Kompressionsraum

Abb. 23: Der Siemens - Stirlingmotor (auch Rinia - Maschine genannt)

1.4.3 Freikolben-Stirling-Maschinen

Bei diesen Motoren bestehen keine mechanischen Verbindungen zwischen dem Arbeitskolben, dem Verdränger und der Umgebung. Beide Kolben können sich frei bewegen. Die umgewandelte Energie kann durch eine Membran (hydraulisch-mechanische Energie), durch einen Generator (elektrische Energie), durch Wärmetauscher (Wärme-, Kältetransport), oder durch eine beliebige Kombination dieser Elemente nach außen übertragen werden.

Prinzipiell können alle Arten der Stirlingmotoren in Freikolbenmotoren umgewandelt werden, indem man das nach außen führende mechanische Element (z.B. Pleuel, Schubstange, Zugstange, o.ä.) durch ein inneres Feder-Dämpfungssystem ersetzt. Die Feder ist oft als »Gasfeder« ausgeführt, während als Dämpfung häufig bereits die Reibung zwischen Kolben und Zylinderwand ausreicht. Aus einem labilen Gleichgewicht heraus beginnen die Kolben bei den kleinsten Temperaturänderungen und der sich daraus ergebenden Druckänderung zu oszillieren, d.h. sie schaukeln sich gegenseitig auf. Für hohe Kolbengeschwindigkeiten sind externe Wärmetauscher notwendig. Trotzdem sind diese Maschinen wegen ihrer Einfachheit (nur zwei sich bewegende Teile, jegliches Fehlen von Seitenführungskräften auf die Kolben) und wegen der Umgehung aller Dichtungsprobleme sehr interessant und attraktiv.

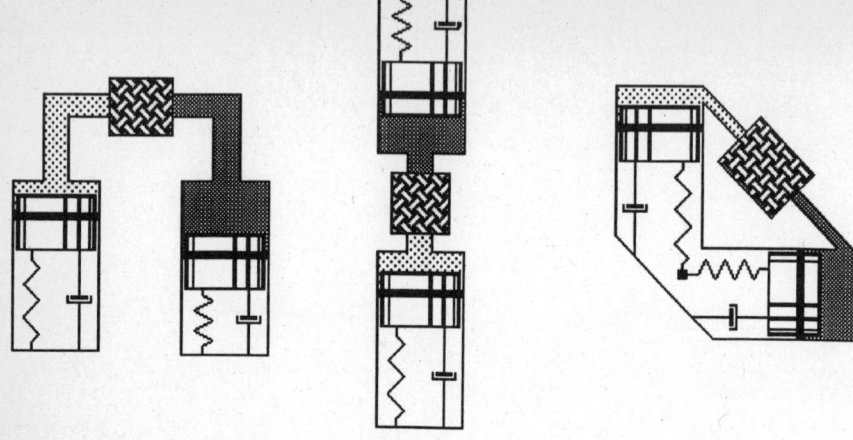

| Parallele Zylinder | Gegenüberliegende Zylinder | V-Anordnung der Zylinder |

Abb. 24: Verschiedene Bauformen der Alpha- Freikolbenmotoren

Der Alpha-Freikolbenmotor

Der Alpha-Typ ist, wie oben beschrieben, ein einfachwirkender Motor. Damit bei den Alpha-, Beta- und Gammamotoren der Prozeß ablaufen kann, müssen folgende Vorraussetzungen erfüllt sein:

1. Der Verdrängerkolben muß sehr leicht gebaut sein, damit die Trägheit sehr klein bleibt. Dadurch ist auch ein rasches Ansprechverhalten auf Last-änderungen bzw. Druckänderungen garantiert.

2. Der Arbeitskolben muß massiv ausgeführt werden, denn dieser muß eine große Trägheit besitzen (Energiespeicher, nahezu sinusförmige Schwingung).

Der Beta- und Gamma-Freikolbenmotor

Abb. 25 zeigt 4 Bauformen des Beta-Freikolbenmotors, die sich im wesentlichen durch die Art der Aufhängung von Arbeits- und Verdrängerkolben unterscheiden.

Abb. 26 zeigt zwei Bauarten des Gamma-Freikolbenmotors. Diese Bauart wird oft (insbesondere von G. Walker) als Split-Motor (geteilter Motor) bezeichnet.

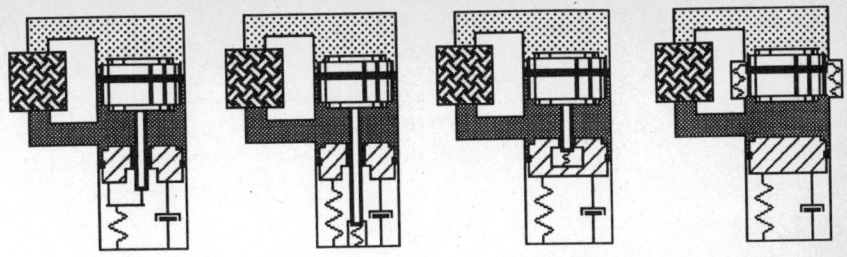

Abb. 25: Verschiedene Bauformen der Beta - Freikolbenmotoren

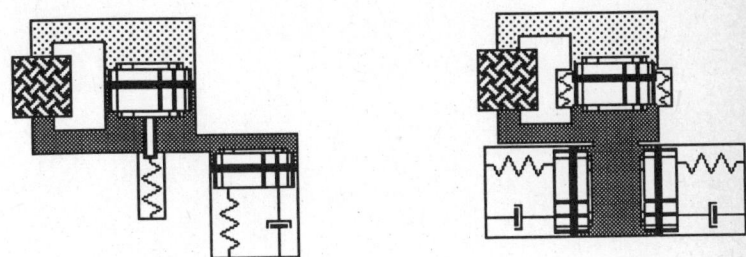

Abb. 26: Verschiedene Bauformen der Gamma - Freikolbenmotoren

Der Siemens-Freikolbenmotor

Der in Kapitel 1.4.2 bereits besprochene Siemens-Stirlingmotor kann durch einfaches Weglassen der Verbindungsstangen und -pleuel in einen Freikolbenmotor umgebaut werden. Dieser Motor ist doppeltwirkend. Die Leistung kann auch dort mittels Linear-Alternatoren, die jeweils im Kompressionsraum eingebaut sind, in Form von elektrischem Strom nach außen geführt werden. Falls drei Zylinder dazu verwendet werden, so würde sich jeder Kolben mit einer Phasenverschiebung von ca. 120° zu den anderen bewegen. So ergäbe sich als Ausgangsgröße des Linear-Alternators ein dreiphasiger Wechselstrom.

Der Franchot-Freikolbenmotor

Auch dieser Motor entspricht der in Kap. 1.4.2 beschriebenen Bauart. Es werden lediglich die Pleuel durch Feder-Dämpfungssysteme ausgetauscht. Der Franchot-Freikolben-Stirlingmotor ist ein Siemensmotor mit lediglich zwei Zylindern.

Die Duplex-Freikolben-Stirling-Wärmepumpe

Diese Maschine ist eine Kombination zwischen einer Wärmekraftmaschine und einer Wärmepumpe. Sie funktioniert ähnlich wie die Vuilleumiermaschine, muß aber im Gegensatz zu ihr nicht angetrieben werden, sondern schwingt selbständig bei Befeuerung mit konstanter Frequenz. Durch Durchmesservariation des Arbeitskolbens (mittlerer Kolben in Abb. 27) kann die benötigte Mindestumgebungstemperatur eingestellt werden.

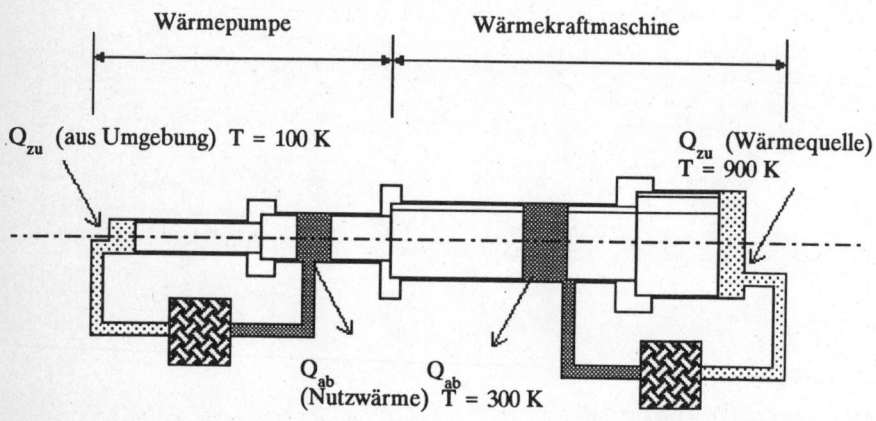

Abb. 27:
Prinzipskizze einer Duplex-Freikolbenmaschine, wie sie von der Firma Sunpower gebaut wurde.

Die Stirling-Wärmepumpe mit schwingender Luftsäule

Die oben gezeigte Duplex-Stirling-Wärmepumpe ist eine reine Freikolben-Bauform mit drei freischwingenden Kolben. Der Nachteil dieser Maschine ist zum einen, daß der Arbeitskolben (befindet sich in der Mitte) periodisch hohen Druckdifferenzen ausgesetzt ist (und das bei Trockenschmierung), so daß eine solche Maschine nach einer konstanten Schwingung verlangt, damit die Reibung auch nach längerer Zeit noch gleich bleibt (nur wenig Dichtungsabrieb); zum anderen läßt sich diese Maschine relativ schwer starten oder im Teillastbereich fahren.

Daher suchte Herr Budlinger aus Genf nach einer Möglichkeit, den oszillierenden Arbeitskolben durch eine periodisch schwingende Gassäule zu ersetzen (Abb. 28). Die Länge und die Form des Resonanzrohres bestimmen die Schwingungsformen. Eine Sinusschwingung der Luftsäule ist bereits erreicht worden.

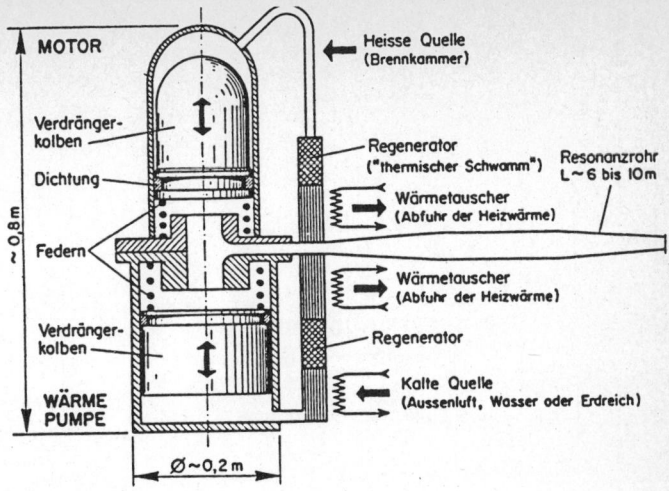

Abb. 28:
Die Stirling-Wärmepumpe (Wärmetransformator) nach Budlinger. Das Resonanzrohr, das anstelle des Arbeitskolbens tritt, ist deutlich zu erkennen.

Der Membran-Freikolben-Stirlingmotor (Diaphram)

Diese Varianten der Freikolbenmotoren werden auch als thermomechanische Generatoren (TMG) bezeichnet. Anstelle eines Arbeitskolbens besitzt diese Ausführung eine Metallmembran, an der ein Permanentmagnet befestigt ist. Der Verdränger ist mit einer oder mehreren Federn mit dem Zylinder verbunden. Durch Abstimmung der Federn und Massen der bewegten Teile lassen sich beliebige Frequenzen erreichen. Als Wärmequelle wurde am Harwell-Institut zunächst ein radioaktives Isotop benutzt, heute werden die Brenner mit Propangas betrieben. Solche Anlagen wurden bereits gebaut, berechnet und getestet.

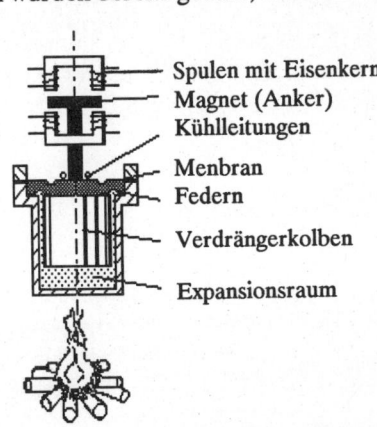

Abb. 29:
Schema eines Membran-Stirlingmotors, wie er von Cooke Yarborough im Atomforschungszentrum in Harwell entwickelt wurde.

41

1.4.4 Freizylinder-Stirling-Maschinen

Abb. 30 zeigt das Schema am Beispiel einer Freizylinder-Stirling-Wasser-pumpe. Hierbei besitzt der Kolben eine größere Masse als der Zylinder.

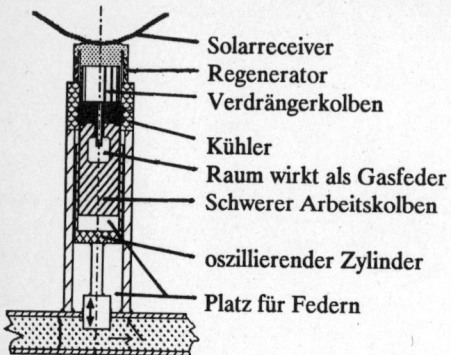

Solarreceiver
Regenerator
Verdrängerkolben

Kühler
Raum wirkt als Gasfeder
Schwerer Arbeitskolben

oszillierender Zylinder

Platz für Federn

Abb. 30:
Schematische Darstellung
einer Freizylinder-Stirling-
Wasserpumpe

1.4.5 Hybridmotoren

Hybrid bedeutet »von zweierlei Herkunft«. Das heißt beim Stirling-Motor, daß der Arbeitskolben und der Verdränger nicht mit einem Getriebe gekoppelt sind, was sich in zwei Bauweisen realisieren läßt. Entweder ist der Arbeitskolben mechanisch zum Abtrieb verbunden, während der Verdränger frei schwingt und lediglich durch ein Fluid mit dem Arbeitskolben gekoppelt ist, oder der Verdränger wird durch einen externen Antrieb gesteuert.

Der Pendel-Freikolben-Stirlingmotor (Pendulum)
Bevor Horace Rainbow 1978 dieses Konzept bearbeitete, war kaum etwas über Maschinen dieser Art bekannt. (H. Rainbow ist Designer in Bristol/England.)

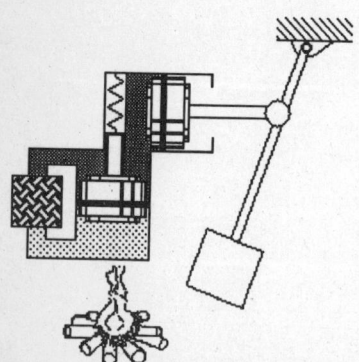

Abb. 31:
Konzept eines Rainbow-Pendel-Freikolben-
Stirlingmotors

Der Ringbom-Motor

Ein Motor dieser Bauart wurde 1907 von Ossian Ringbom zum Patent ange-
meldet. Diese Maschine wurde aber nie gebaut. Erst als G. Walker und seine
Kollegen dieses Prinzip wieder aufgriffen, wurden verschiedene Motoren gebaut, erprobt und so in der ganzen Welt bekannt.

a) Alpha-Ringbom-Motor

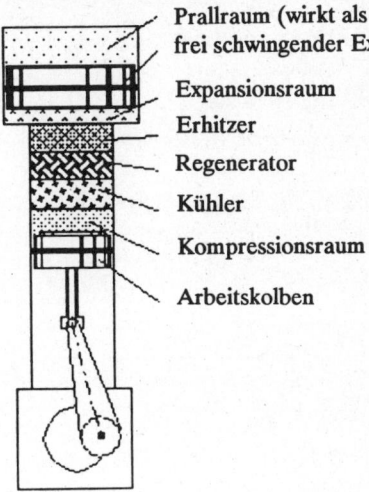

Prallraum (wirkt als Zug-Druck-Feder)
frei schwingender Expansionskolben

Expansionsraum

Erhitzer

Regenerator

Kühler

Kompressionsraum

Arbeitskolben

b) Beta-Ringbom-Motor

c) Gamma-Ringbom-Motor

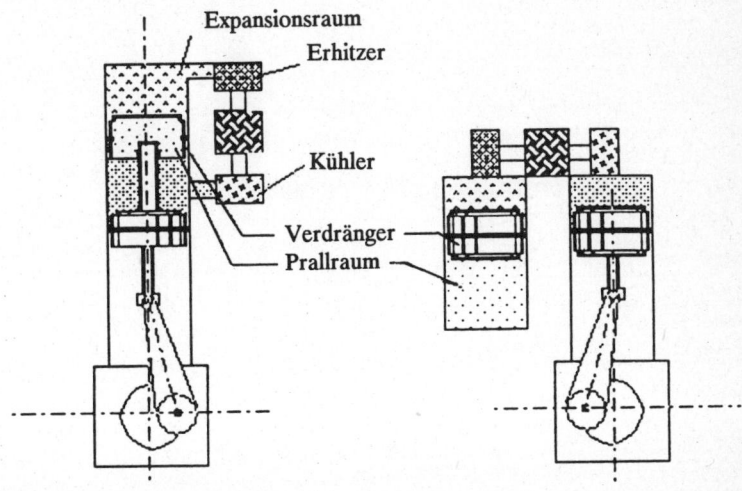

Expansionsraum

Erhitzer

Kühler

Verdränger

Prallraum

Abb. 32: Verschiedene Bauformen des Ringbom-Motors

43

Diese Maschinen haben die Vorteile eines sehr einfachen Verdrängerantriebes, gepaart mit den Vorteilen einer konventionellen Arbeitsabgabe über eine rotierende Arbeitswelle. Die Nachteile dieser Maschine sind die hohen Seitenkräfte auf den Kolben, die Maßnahmen, jene auszugleichen, und die nach bisherigen Erfahrungen bestehende Empfindlichkeit gegen Last- und Drehzahländerungen.

Ändert sich die Last oder/und die Drehzahl der Abtriebswelle, so entsteht eine Differenz zwischen der Frequenz des Arbeitskolbens und der des Verdrängers, d.h. die Maschine stoppt sofort. Um den Motor in einem größeren Drehzahlbereich betreiben zu können, müßte über ein aufwendiges Regelungssystem die Federkonstante und damit die Resonanzfrequenz des Verdrängers variiert werden. Der dafür nötige Aufwand dürfte den Vorteil des einfachen Verdrängerantriebs überwiegen.

Doch es bleibt ein Lichtblick für dieses Prinzip: Bei den momentanen Erfolgen in der Schwingungsforschung könnte diese Maschine noch zu einem entscheidenden Durchbruch gelangen.

Der Martini-Verdrängermotor

Unter diesem Namen werden alle Motoren zusammengefaßt, in welchen der Verdrängerkolben von einem Hilfsmotor angetrieben wird. Dieser arbeitet unabhängig von den Bewegungen des Arbeitskolbens und inneren Druckschwankungen. Diese Art des Stirlingprinzips wird vor allem für die medizinische Anwendung im künstlichen Herzen als Blutpumpe verwendet (vgl. Kapitel 3.2.3). Auch eignet er sich sehr gut für netzparallele Stromerzeugung (Hilfsmotor → Synchronmotor).

1.4.6 Der Flachplatten-Stirlingmotor (Kolin)

Diese Variante eines Stirlingmotors ist recht einfach und mit wenigen Bauteilen von jedermann herstellbar. Ivo Kolin entwickelte diesen Motor, der mit diskontinuierlicher Steuerung bereits bei einer Temperaturdifferenz von 16°C arbeitet. Das Flachplattensystem hat eine größere Wärmeübertragungsfläche im Verhältnis zum Volumen. Die Vorderwand wird beheizt (Sonne, Warmwasser, Brennstoff, etc.), die als Membran ausgeführte Rückwand ist luftgekühlt. Der Verdränger aus Styropor und Durocel (Aluschaum, temperaturbeständig bis 480°C) wirkt gleichzeitig als Regenerator. Eine einfache Bauanleitung dieses Motors ist auf dem Faltplan hinten im Buch abgedruckt. Der Arbeitskreis »Arche« in München (Tel.: 089-188411) gibt außerdem eine sehr gut ausgearbeitete Selbstbauanleitung heraus.

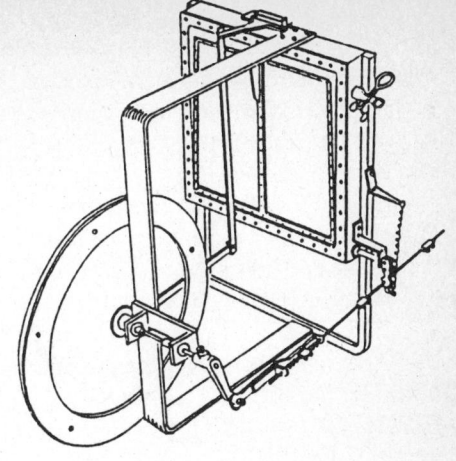

Abb. 33:
Neuer Flachplatten-
Stirlingmotor von
Prof.Dr.Ivo Kolin;
Uni Zagreb (1989)
vgl. auch die Bauanleitung
von Prof. Kolin auf dem
Faltplan hinten im Buch

Kolin gibt zur Leistungsberechnung für seine Niedertemperatur-Stirling-
maschine folgende Näherungsformel an (Achtung: gilt nur bei niedrigen Erhit-
zertemperaturen):

$$P = V \cdot \Delta T^3 / 2 \cdot 10^8 \qquad \text{P in kW; V in dm}^3; \ \Delta T \text{ in K}$$

Eine weiterentwickelte Variante dieses Motors stammt von Herrn Eckhart
Weber aus Nürnberg. Anstelle einer flachen Platte wählte er aus Stabilitäts-
gründen eine Kegelform. Auf der Erfindermesse IENA '89 stellte er diese an-
schaulichen Maschinen vor. Bei einem Quadratmeter sonnenbeschienener Flä-
che fördert die integrierte Pumpe etwa 1 m³/h bzw. 16 l Wasser pro Minute bei
einem Meter Förderhöhe.
Die neueste Entwicklung von Ivo Kolin ist die Vuilleumier-Flachplatten-
maschine (Größe 23 · 23 cm). Auch bei dieser Maschine konnte die diskontinuierliche Verdrängersteuerung verwirklicht werden.

1.4.7 Flüssigkolbenmaschinen

Ein weiteres Mitglied der Stirlingfamilie ist die Flüssigkolbenmaschine. Sie
wurde von Dr. Colin D. West, der ein interessantes Buch darüber schrieb (Liquid Piston Stirling Engines), an dem AERE (Atomic Energy Research Esta-
blishment) in Harwell erfunden. In diesem Buch sind viele Möglichkeiten der
Flüssigkolben-Stirlingmaschine ebenso wie ausführliche thermodynamische Berechnungen aufgezeigt.

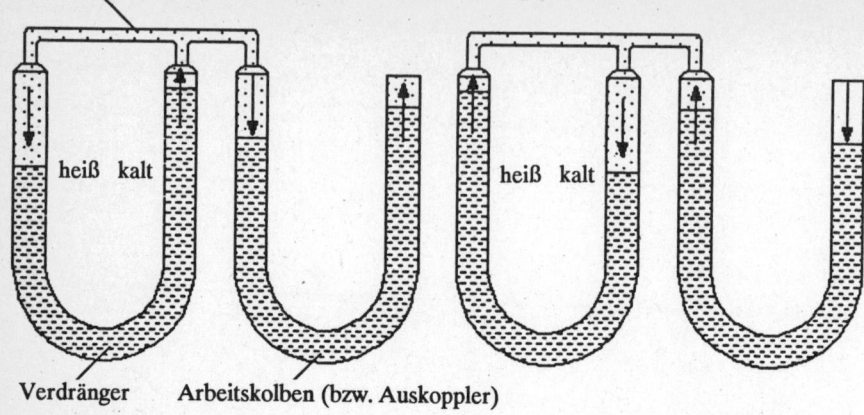

Arbeitsmedium (meistens Luft mit etwas Wasserdampf)

heiß kalt

heiß kalt

Verdränger   Arbeitskolben (bzw. Auskoppler)

Abb. 34: Prinzip der Fluidyne   (links: Luft ist erwärmt;   rechts: Luft ist abgekühlt)

Funktionsbeschreibung: Die Maschine wird durch Einschalten einer äußeren Wärmequelle in Gang gesetzt. Steigt nun die Temperatur weit genug an, so wird die Wassersäule instabil: Sie beginnt von einer Seite des Verdrängers zur anderen leicht hin- und herzuschwingen. Strömt das Wasser aus dem heißen Zylinder in den kalten, so wird die Luft über das Verbindungsrohr in den heissen Zylinder gesaugt. Dort wird sie erwärmt, und der Druck im gesamten Verbindungsrohr steigt an. Dadurch drückt es den Arbeitskolben nach unten. Der Kreisprozeß schließt sich, wenn das Wasser aus dem kalten in den heißen Zylinder zurückfließt. Diesmal wird die Luft im kalten Zylinder abgekühlt und der Druck nimmt ab. Wieder gleicht der Arbeitskolben diesen Unterdruck aus. Wird nun Wärmeenergie zu, aber keine Energie abgeführt, schaukelt sich die Maschine hoch.

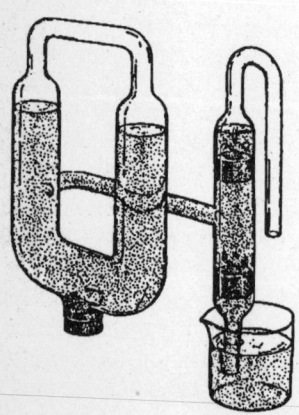

Abb. 35 a:
Schema und Modell einer Jetstream-
Fluidyne-Wasserpumpe

46

Abb. 35 b:
Schema einer verbesserten Anordnung

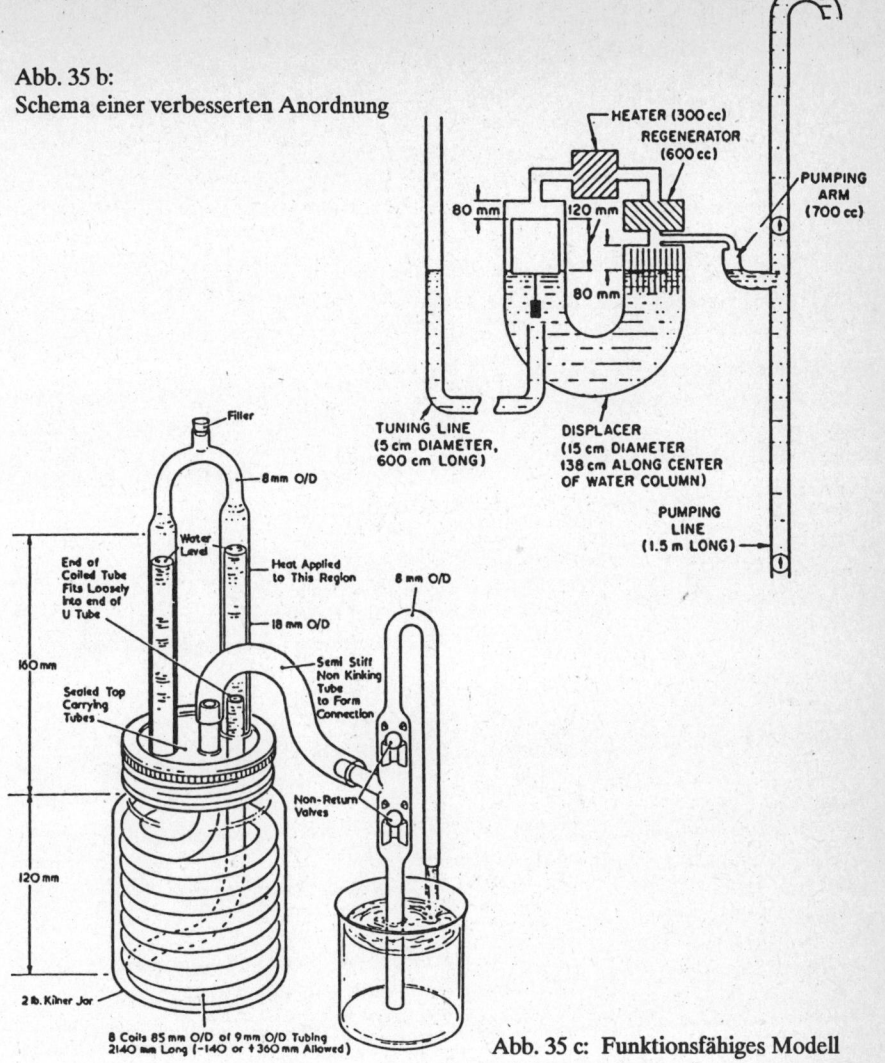

HEATER (300 cc)
REGENERATOR (600 cc)
PUMPING ARM (700 cc)

80 mm
120 mm
80 mm

TUNING LINE
(5 cm DIAMETER,
600 cm LONG)

DISPLACER
(15 cm DIAMETER
138 cm ALONG CENTER
OF WATER COLUMN)

PUMPING
LINE
(1.5 m LONG)

Filler
8 mm O/D
Water Level

End of
Coiled Tube
Fits Loosely
Into end of
U Tube

Heat Applied
to This Region
8 mm O/D
18 mm O/D

Semi Stiff
Non Kinking
Tube
to Form
Connection

160 mm

Sealed Top
Carrying
Tubes

Non-Return
Valves

120 mm

2 lb. Kilner Jar

8 Coils 85 mm O/D of 9mm O/D Tubing
2140 mm Long (-140 or +360 mm Allowed)

Abb. 35 c: Funktionsfähiges Modell

Die Arbeit kann durch Membrane, Kipphebel oder durch ein hydraulisches Getriebe abgenommen werden. Auch eignet sich diese Maschine, wie es in Abb. 35 dargestellt ist, hervorragend als einfache Pumpe.
Diese meist sehr einfach aufgebauten Motoren bzw. Pumpen, lassen sich relativ schnell auch von Laien nachbauen. In dieser Arbeit möchte ich mich jedoch auf die Beschreibung des Prinzips beschränken.

1.4.8 Die Vuilleumiermaschine (regenerative Wärmepumpe)

Schon im Jahre 1918 wurde Rudolph Vuilleumier für einen neuartigen Prozeß zur Erzeugung von Kälte ein Patent erteilt. Er beschrieb dabei eine Maschine, deren drei variable Volumina auf verschiedenen Temperaturniveaus durch Regeneratoren verbunden sind. Durch Zuführung von Wärme (z.B. Verbrennung) bei der höchsten Temperatur wird Kälte auf dem tiefsten der drei Temperaturniveaus erzeugt.

Allerdings wurde erst 1960 von der NASA eine Vuilleumier-Maschine zur Kühlung von Infrarotdektoren gebaut. Man hatte sich an diesen Prozeß erinnert, da sein Betriebsmittel Helium noch bei tiefsten Temperaturen gasförmig ist. Ausserdem garantieren die geringen mechanischen Belastungen in der Maschine einen langen, wartungsfreien Betrieb.

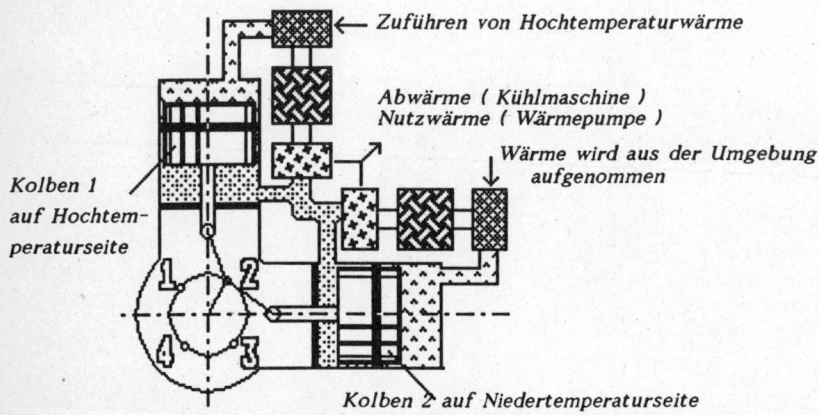

Zuführen von Hochtemperaturwärme

Abwärme (Kühlmaschine)
Nutzwärme (Wärmepumpe)

Wärme wird aus der Umgebung
aufgenommen

Kolben 1
auf Hochtem-
peraturseite

Kolben 2 auf Niedertemperaturseite

Abb. 36:
Konstruktionsschema einer Vuilleumier-Wärmepumpe nach dem Konzept von F.X. Eder

Industriell werden seit Anfang der achziger Jahre in Dänemark Vuilleumier-kältemaschinen gebaut, die Verwendung auf Fischkuttern finden. Hierbei nutzt man die Abwärme der Schiffsdiesel als Antriebswärme zur Erzeugung von Eis und damit zur Kühlung von Fischen. Eine weitere Möglichkeit, den Vuilleumierprozeß technisch zu verwirklichen, kommt von F.X. Eder, TU München. Diese Maschine ist mit einem Kurbeltriebwerk versehen, und die Zylinder stehen in einer 90°-V-Anordnung. Erste Testergebnisse dieser beachtlichen Maschine liegen bereits vor. Parallele Entwicklungen laufen an der TU of Denmark unter H. Carlsen, der mit seiner Crew eine sehr ähnliche Maschine auslegte und baute. Beide wußten nichts voneinander. Die Testergebnisse wurden ebenfalls veröffentlicht. Anhand des idealen Prozesses in Kapitel 1.2.1 kann man die Funktion der Maschine in Abb. 36 besser verstehen.

1.4.9 Ericsson-Maschinen

Ericsson-Maschinen, früher auch als kalorische Maschinen bezeichnet, werden in der Literatur häufig beschrieben und wurden des öfteren gebaut. Sie sind den geläufigen Stirlingmaschinen sehr ähnlich. Der einzige Unterschied besteht darin, daß die Ericsson-Maschinen Steuerventile besitzen, die dem Fluid den Durchgang durch den Arbeitsraum erlauben und den Fluß des Arbeitsmediums steuern.

Leider kann hier auf die sehr interessanten Ericsson-Maschinen nicht näher eingegangen werden, da dies den Rahmen dieser Arbeit sprengen würde.

1.5 Ausführungen des Triebwerks

1.5.1 Kurbeltriebwerke

Kurbeltriebwerke, wie sie seit Jahrzehnten in sämtlichen Maschinen und Motoren eingebaut und betrieben werden, erscheinen aus heutiger Sicht unkomplizierter und beherrschbarer als andere Ausführungen.

Kurbeltriebwerk mit direkt angetriebenem Verdränger
Nach diesem Prinzip wurden bereits unzählige Bauarten ausgeführt, weitere sind denkbar. Hier sind klassische Lösungen wie die Kurbelwelle mit Pleuel,

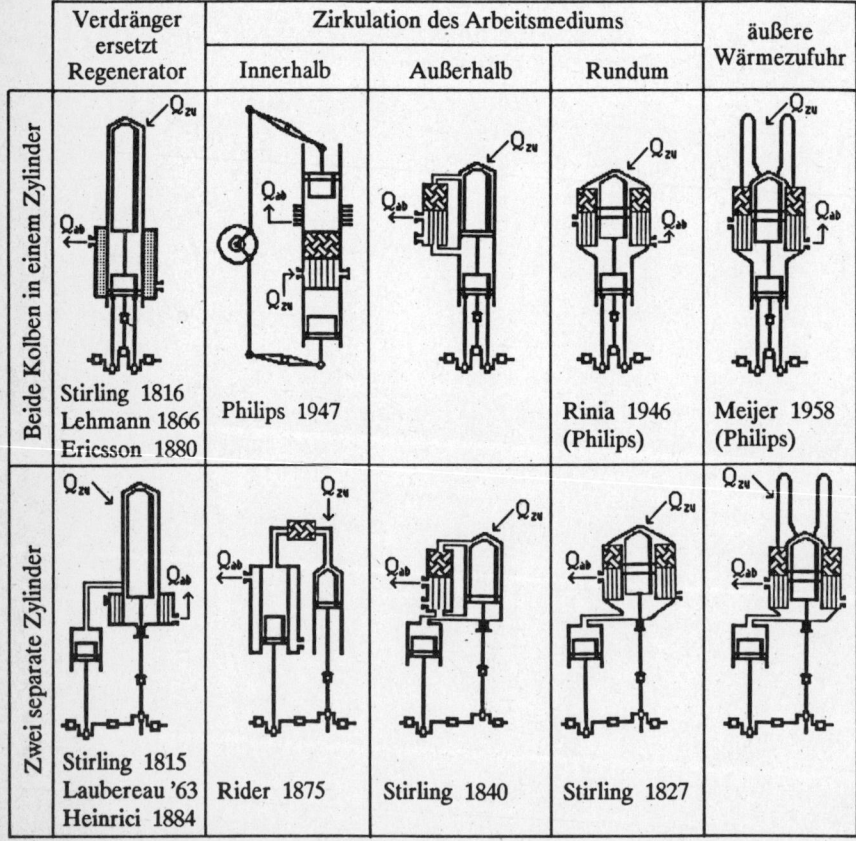

Abb. 37: Kurbeltriebwerke verschiedener Stirlingmotoren

die bei den Verbrennungsmotoren seit über hundert Jahren benutzt wird, genauso vertreten wie komplizierte Anordnungen von Kurbeln, Kurbelschleifen, Zahnrädern, Winkelhebeln und Zugbändern. Auch können die Motoren ein- oder zweifachwirkend aufgebaut sein. Abb. 37 zeigt eine Übersicht über einige, bereits realisierte Kurbelanordnungen.

Um eine wirksame Abdichtung und ebenso eine lange Lebensdauer der Dichtungen zu garantieren, werden Schubstangen mit Kreuzköpfen eingesetzt. Damit werden die Dichtungsprobleme genauso bedeutend verringert wie die Probleme, die mit den Seitenkräften des Kolbens gegen die Zylinderwandung auftreten. Das heißt, es ist weder eine Desachsierung des Kolbenbolzens notwendig noch irgendwelche Maßnahmen, die einen Schlag gegen die Zylinderwand vermindern.

Ein weiteres Problem stellt der dynamische Ausgleich der Massenkräfte höherer Ordnung dar. Bei Einzylindermotoren ist ein vollständiger Ausgleich nicht möglich. Mehrzylinder-Stirling-Motoren dagegen können ziemlich gut dynamisch ausgeglichen werden. Hierzu wird eine zusätzliche Ausgleichswelle benötigt. Damit bleiben auch die Dichtungen frei von Seitenkräften, was sich günstig auf den Verschleiß und somit auf die Lebensdauer auswirkt.

Bei der U-Anordnung sind die Kurbelwellen durch Zahnräder 1:1 gekoppelt. Die in Abb. 38 gezeigten Motoren wurden in der Leistungsklasse über 50 kW als Vierzylinder-Motoren gebaut.

Auch der erfolgreiche MOD II - Motor von MTI wurde ähnlich wie die V-Anordnung in Abb. 38 (links) gebaut. Diese Triebwerksversionen eignen sich gut für die Leistungsklassen ab 5 kW. Nach oben sind bei diesen Anordnungen kaum Grenzen gesetzt. Zum Beispiel wird von MAN (angeblich) momentan an einer 500 kW Stirlingmaschine mit V-Zylinderanordnung gearbeitet.

Bei der Variante in Abb. 39 sind kalter Raum und warmer Raum in zwei getrennten Zylindern in V-Anordnung untergebracht. Ein Exemplar dieses »V 160« - Motors wird zur Zeit auch in Stuttgart bei der DLR getestet.

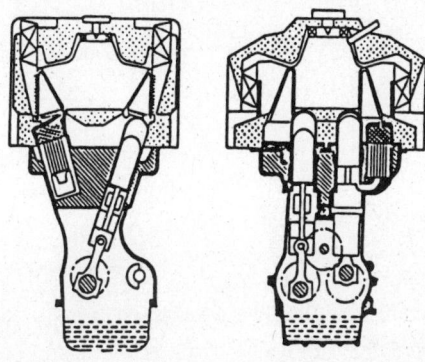

Abb. 38:
Beispiele einer V- und einer U- Zylinderanordnung von
United Stirling AB

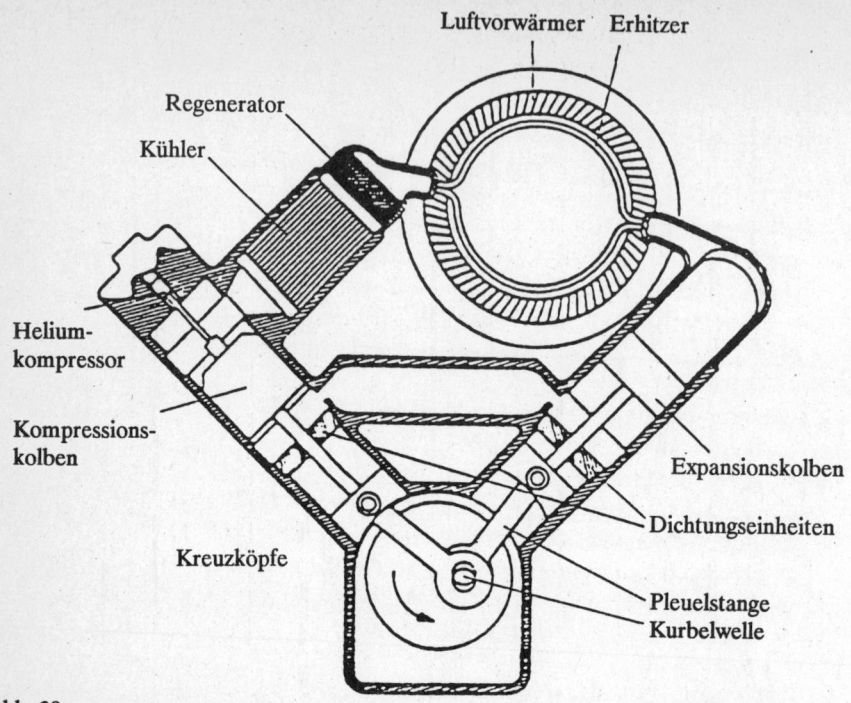

Luftvorwärmer Erhitzer
Regenerator
Kühler
Heliumkompressor
Kompressionskolben
Kreuzköpfe
Expansionskolben
Dichtungseinheiten
Pleuelstange
Kurbelwelle

Abb. 39:
V-Zylinderanordnung am ausgeführten Beispiel eines »V 160« Motors von Stirling Power Systems Corporation, USA

Kurbeltriebwerk mit hydraulisch- oder fremdangetriebenem Verdränger

Unter fremdangetriebenem Verdränger versteht man, daß der Verdränger mit einem eigenen Antrieb versehen ist. Die Drehzahl dieses Antriebs bestimmt die Arbeitsfrequenz der Maschine. Ein kleiner Einzylindermotor dieser Bauart ist von Philips (Niederlande) mit elektrisch angetriebenem Verdränger gebaut worden.
In den Bereich der hydraulisch angetriebenen Verdränger gehören auch die Hybrid- und Ringbommotoren (vgl. Kap. 1.4.5). Eine Sonderbauart des hydraulisch angetriebenen Verdrängers ist das hydrostatische Triebwerk.

Kurbeltriebwerk mit kontinuierlicher Verdrängersteuerung

Die meisten bisher gebauten Motoren haben eine nahezu sinusförmige und damit kontinuierliche Verdrängersteuerung. Diese hat den Vorteil, daß sie sich einfacher realisieren läßt, runder bzw. leiser läuft, und eine höhere Lebensdauer zu erwarten ist als bei einer diskontinuierlichen Verdrängersteuerung.

Kubeltriebwerk mit diskontinuierlicher Verdrängersteuerung

Vor über hundert Jahren hat Stenberg bereits mit dieser Steuerungsart an der Heißluftmaschine experimentiert. Doch er hatte die zusätzlichen Reibungskräfte nicht im Griff.

Wie bereits erwähnt, wird durch eine diskontinuierliche Verdrängersteuerung, d.h. eine ruckartige Bewegung des Verdrängers, erreicht, daß die Ecken des idealen Prozesses besser ausgefahren werden können, was den Gesamtwirkungsgrad erhöht. Der Verdränger sollte dabei den Erhitzer solange abdecken, bis die Kompressionsphase beendet ist, und den Kühler solange abdecken, bis die Expansionsphase abgeschlossen ist. Mit anderen Worten: Die zwischen den Isothermen liegenden Isochoren sollten so schnell wie möglich durchfahren werden. Im Idealfall entstünde hier ein Phasenwinkel zwischen Arbeits- und Verdrängerkolben von 180°. Dies ist wegen der Masse des Verdrängers jedoch nicht ganz erreichbar.

In letzter Zeit hat Professor Ivo Kolin, Uni Zagreb, Yugoslawien, den Gedanken der diskontinuierlichen Steuerung wieder aufgegriffen. Durch die in Abb. 40 dargestellte Maschine wird die von der Kurbelwelle herrührende, sinusförmige Bewegung in zwei ruckartige Bewegungen am Verdränger aufgeteilt. Damit ist es gelungen, in den Niedertemperaturbereich vorzustoßen. Die Maschine läuft bereits mit 16°C Temperaturunterschied.

Durch die verstellbaren Anschläge ist es regelungstechnisch gelungen, eine Totzeit einzustellen. Damit wird der Kreisprozeß in den Ecken besser ausgefahren.

Im Maschienenbau sind jedoch noch viele weitere Möglichkeiten bekannt, ein solches Totzeitglied zu realisieren. Zum Beispiel ließe sich ein Schwungrad mit einer speziellen Kurvenscheibe versehen, die mittels Laufrolle und Gestänge die ruckartige Umsteuerung des Verdrängers bewirkt. Die Nachteile dieses Getriebes wie Klopfgeräusche und Nacheilen der Rolle bei Umsteuerung sind vor allem bei hoher Drehzahl erheblich.

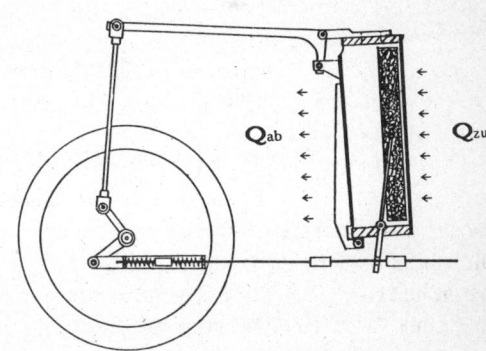

Abb. 40:
Schema der diskontinuier-
lichen Verdrängersteuerung
beim Kolin-Stirlingmotor

Eine weitere Möglichkeit besteht darin, die Laufrolle auf einer Exzenter-scheibe laufen zu lassen. Doch hier sind wieder die Anschläge wie beim Kolin-Motor erforderlich, die die Sinusschwingungen in diskontinuierliche Bewegun-gen umwandeln.

Auch Herr Kufner experimentierte viel mit diskontinuierlicher Steuerung. Er realisierte auch einige dieser Verdrängersteuerungen in seinen Motoren.

Kurbel-Winkelhebeltriebwerke

Darunter versteht man ein Triebwerk, das mit einem Winkelhebeltriebwerk die Kolben steuert und dessen mechanischer Abtrieb durch eine Kurbelwelle er-folgt. Im vorigen Jahrhundert kamen viele dieser Triebwerke zur phasenver-schobenen Kolbensteuerung zum Einsatz. Sie hatten aber zwei entscheidende Nachteile: Erstens führte die große Zahl der bewegten Teile zu einem schlech-ten Wirkungsgrad und zweitens konnte ein Massenausgleich nicht durchgeführt werden.

In neuerer Zeit wurden zwei Bauformen dieser Kurbel-Winkelhebel-Trieb-werke bekannt (Abb. 41 und Abb. 42).

- Der Philips-Stirlingmotor von 1947

Mit dem in Abb. 41 gezeigten Triebwerk wurden die ersten Philips-Stirlingmo-toren (und Generator-Sets) ausgestattet. Damit ließen sich zunächst nur relativ kleine Leistungen von ca. 0,8 kW erreichen, wobei die Drehzahl wegen der schwierigen Auswuchtung maximal etwa 1.500 Umdrehungen/min. erreichte.

Inzwischen sind viele weitere Motoren nach diesem Prinzip gebaut worden, so zum Beispiel der »ST 5« von Stirling Technology Inc. in Ohio/USA, der für den Einsatz in Entwicklungsländern sogar in Indien in Serie ging.

Insgesamt besticht das Getriebe durch die Robustheit und gute Montierbarkeit.

- Der Ross yoke drive

Dieses nach seinem Erfinder Andrew Ross aus Colombus/Ohio benannte Triebwerk arbeitet nicht sinusförmig und ist daher schwerer zu berechnen, hat aber den Vorteil, daß ein freies Wellenende zur Leistungsabnahme zur Verfü-gung steht.

Charakteristisch für dieses Getriebe ist das Dreieck, an dessen unterer Ecke eine Kurbel (bzw. ein Exzenter der Kurbelwelle) montiert ist, und an dessen anderen zwei Eckpunkten die Expansions- bzw. Kompressionskolben über Pleuelstangen befestigt sind. Dieses Dreieck wird durch den Querlenker in Po-sition gehalten. Wegen der sehr geringen Seitenführunskräfte sind für die Kol-benführung keine Kreuzköpfe erforderlich.

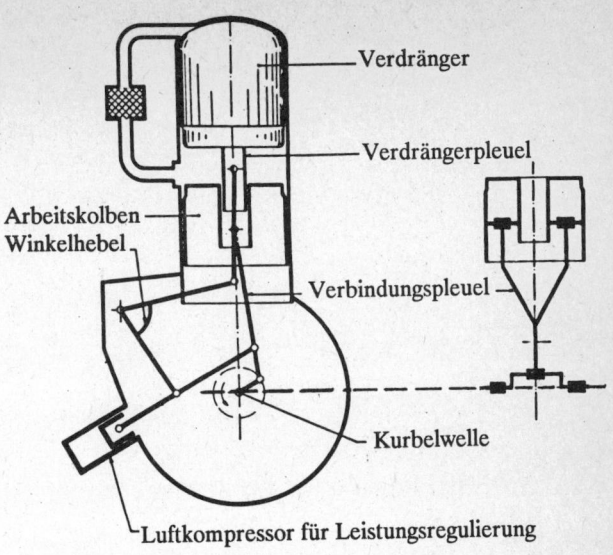

Abb. 41:
Der Philips-Stirlingmotor
Typ 102C von 1947

Verdränger

Verdrängerpleuel

Arbeitskolben
Winkelhebel

Verbindungspleuel

Kurbelwelle

Luftkompressor für Leistungsregulierung

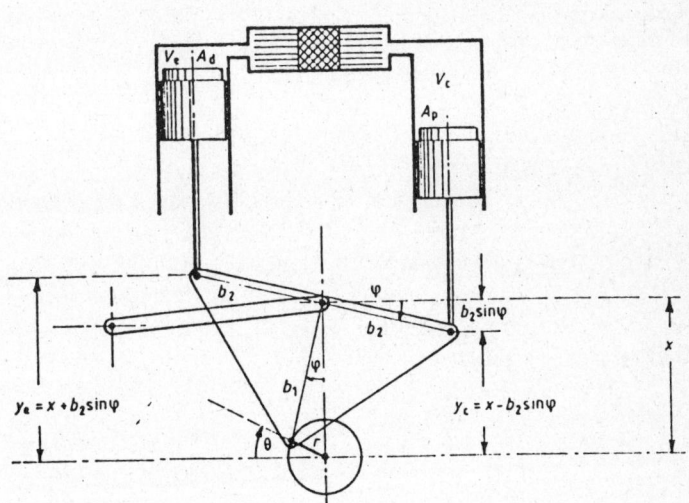

Abb. 42: Geometrie des Ross-Triebwerkes

Geometrie: $\quad b_1 \cdot \sin \varphi = r \cdot \cos \theta, \quad b_0 = \sqrt{b_1^2 - (r \cdot \cos \theta)^2}, \quad x = r \cdot \sin \theta + b_0$

Bewegung: $\quad y_c = r \cdot [\sin \theta - \cos \theta \cdot (b_2 / b_1)] + b_0$
$\qquad\qquad y_e = r \cdot [\sin \theta - \cos \theta \cdot (b_2 / b_1)] + b_0$

Volumen: $\qquad V_c = V_{c|c} + A_p \cdot (y_{max} - y_c) \qquad V_e = V_{c|e} + A_d \cdot (y_{max} - y_e)$

$dV_c / d\theta = -A_p \cdot r [\cos \theta + \sin \theta (b_2 / b_1) + (r \cdot \sin \theta \cdot \cos \theta) / b_0]$
$dV_e / d\theta = -A_d \cdot r [\cos \theta - \sin \theta (b_2 / b_1) + (r \cdot \sin \theta \cdot \cos \theta) / b_0]$

Durch entsprechende Variation der Dreiecksgeometrie ist es möglich, sowohl den Expansionskolbenhub, als auch den Kompressionskolbenhub frei zu wählen.

Das Ross-Triebwerk ist nur zur Verwendung in Maschinen mit parallel-liegenden Zylindern geeignet. Bisher fand dieses Getriebe nur bei relativ kleinen Alpha-Motor-Modellen Verwendung. Werden wie bei dem von A. Ross patentierten Vierzylinder die Kolben mit 180° Phasenverschiebung angesteuert, gleichen sich die sonst nicht unerheblichen Massenkräfte aus. Zum Ausgleich der Massenkräfte in Zweizylindern wird meistens eine Ausgleichswelle eingebaut.

1.5.2 Das Taumelscheibentriebwerk (wobble plate drive, Siemensgetriebe)

Die Taumelscheibe ist über ein Lager (in Abb. 43) oder eine Kugel (in Abb. 44) mit dem Motor und ebenso mit dem Abtriebsrad exzentrisch verbunden. Am Umfang der Taumelscheibe sind die Pleuel kugelgelagert befestigt. Die Taumelscheibe selbst dreht sich nicht, sondern führt lediglich eine sinusförmige Präzessionsbewegung um die eigene Achse aus.

Leider wird in der meisten Literatur nicht zwischen Taumel- und Schiefscheibentriebwerk unterschieden, obwohl der Unterschied deutlich sichtbar ist. Die Schiefscheibe rotiert nämlich mit ihrer Achse.

Bei dem in Abb. 44 dargestellten Siemensmotor sollten durch die rechteckige Anordnung der vier Zylinder die Kolben jeweils mit 90° Phasenverschiebung sinusförmig bewegt werden. Allerdings wurde der Motor in dieser Form nie gebaut; Philips ersetzte die Taumelscheibe nach wenigen Versuchen 1944 durch ein Schiefscheibentriebwerk. Damit erreichte die Maschine dann eine Leistung von ca. 4 kW bei 3.000 U/min.

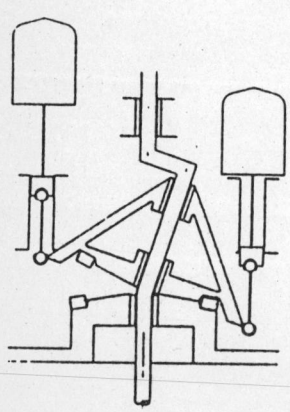

Abb. 43:
Vereinfachtes Schema eines Taumelscheibentriebwerks

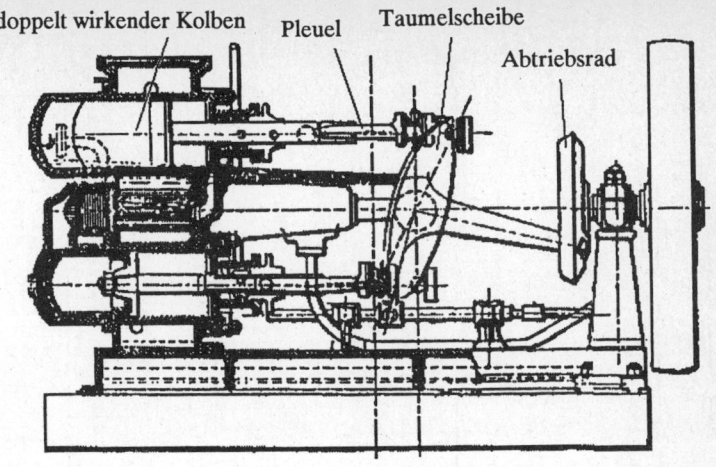

doppelt wirkender Kolben   Pleuel   Taumelscheibe
Abtriebsrad

Abb. 44: Der Siemens-Stirlingmotor mit Taumelscheibe

1.5.3 Das Schiefscheibentriebwerk (swash plate drive)

Dieses Triebwerk wurde von R.J. Meijer und seinen Mitarbeitern bei Philips entwickelt; es findet wegen seiner bestechenden Vorteile auch heute noch vielfältige Anwendungen. Zum einen läßt sich die Schräge der Scheibe sogar während des Laufes verändern, wodurch der Kolbenhub variiert und damit die Leistung schnell und effektiv gesteuert werden kann. Zum anderen ist eine sehr kompakte, stabile und damit auch leichte Bauweise möglich. Nachteilig bei diesem Triebwerk ist im Vergleich zu einer herkömmlichen Kurbelwelle die relativ teuere Herstellung.

Das Triebwerk eignet sich besonders für den mobilen Einsatz in den mittleren Leistungsklassen (20 - 150 kW). Der wohl berühmteste, beste und erfolgreichste Motor mit diesem Getriebe ist der Typ »STM 4 - 120«. Er wurde von R.J. Meijer und seinem Team mit 45-jähriger Stirlingerfahrung bei Philips und STM entwickelt und schließlich bei »Stirling Thermal Motors (STM)« in Michigan/ USA gebaut. Seit 1990 wird dieser Motor auch in Deutschland in größerer Anzahl hergestellt.

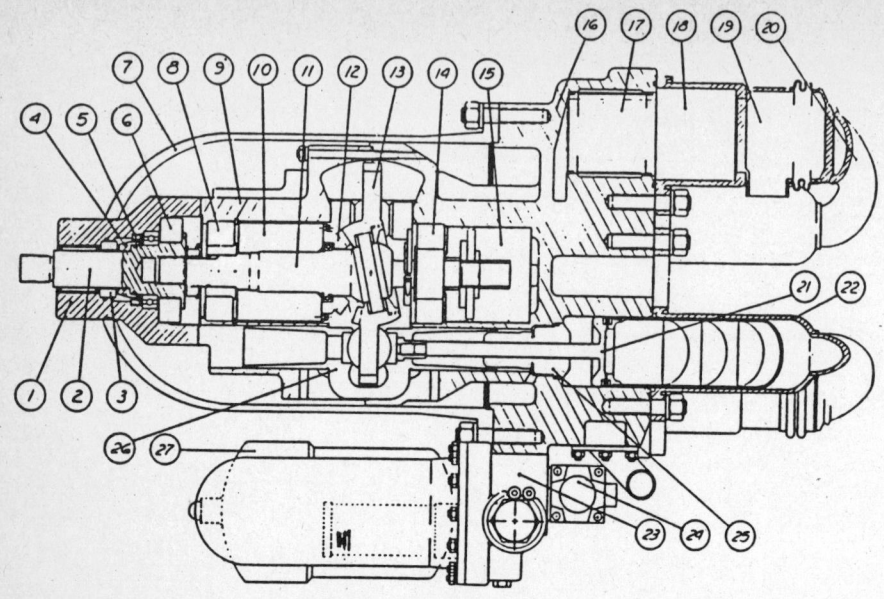

Abb. 45: Schnittzeichnung des STM 4 - 120 Stirlingmotors

(1) Wellendichtsatz	(10) Verstellmotor	(19) Erhitzer
(2) Abtriebswelle	(11) Hauptwelle	(20) Wärmerohr
(3) Axialdichtring	(12) Verstellgetriebe	(21) ZB Kolben
(4) Abstandsring	(13) Schiefscheibe	(22) Zylindergehäuse
(5) Radiallippendichtung	(14) vorderes Hauptlager	(23) hydr. Wartungseinheit
(6) Axiallager	(15) Ölpumpenmodul	(24) Leistungskontrollventil
(7) Druckgehäuse	(16) vord. Kurbelgehäuse	(25) Ölabweiserdichtsatz
(8) hinteres Hauptlager	(17) Kühler	(26) Kreuzkopf
(9) hinteres Kurbelgeh.	(18) Regenerator	(27) Druckspeicher

1.5.4 Das Rhombentriebwerk

Das Rhombentriebwerk wurde 1953 ebenfalls von R.J. Meijer und seinem Team in den Philips-Laboratorien entwickelt. Mit diesem Triebwerk war es erstmals möglich, die maximalen Drehzahlen (ca. 3.000 U/min.) und die Arbeitsdrücke (bis 150 bar) entscheidend anzuheben, um somit ein wesentlich günstigeres Leistungsgewicht zu bekommen. Der bestechende Vorteil dieser Triebwerksart liegt darin, daß ein 100%iger Massenausgleich bereits bei einem Einzylindermotor realisierbar ist. Der Motor läuft praktisch geräusch- und schwingungsfrei.

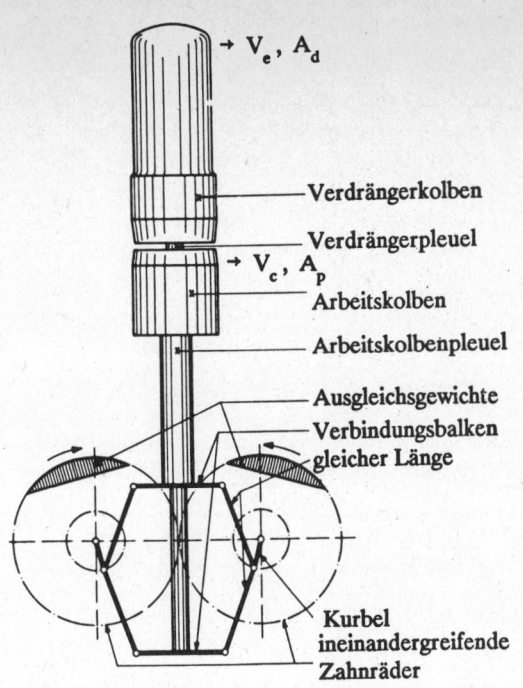

→ V_e, A_d

— Verdrängerkolben

— Verdrängerpleuel
→ V_c, A_p
— Arbeitskolben

— Arbeitskolbenpleuel

— Ausgleichsgewichte
— Verbindungsbalken
gleicher Länge

— Kurbel
ineinandergreifende
Zahnräder

Abb. 46: Prinzip und Ausführung des Rhombentriebwerks von Philips

Volumenberechnung nach I. Urieli:

Geometrie: $\qquad b_0 = \sqrt{(L^2 - (e + r \cdot \cos\theta)^2)}$

Kompressionsvolumen: $\qquad dV_c / d\theta = -2A_p \cdot r \cdot \sin\theta \,(e + r \cdot \cos\theta) / b_0$

Expansionsvolumen: $\qquad dV_e / d\theta = -(dV_c / d\theta) \cdot A_d /(2A_p) - A_d \cdot r \cdot \cos\theta$

r = Kurbelradius, e = Exzentrizität des Zahnrads, L = Länge der Verbindungsstangen

Außerdem ist es mit diesem Triebwerk möglich, in Verbindung mit einer Rollsockendichtung, das Kurbelgehäuse unter Umgebungsdruck zu halten. Nachteilig sind die Reibung zwischen den Zahnrädern sowie die große Anzahl und die Kompliziertheit der bewegten Teile. Somit ist der Stirlingmotor mit diesem Triebwerk, wie sich Anfang der 70 er Jahre herausstellte, zu teuer für eine serienmäßige Produktion. Die Kosten wurden auf das zwei- bis dreifache eines leistungsgleichen Dieselmotors berechnet.
Philips baute damals einige Prototypen als Ein- und Vierzylinder. Die Leistungsspanne reichte von 0,2 bis zu etwa 70 kW pro Zylinder. Als Lizenznehmer von Philips experimentierte auch General Motors mit Rhombentriebwerken. Die Motoren, die aus dieser Zusammenarbeit entstanden, sind in Tabelle 2 aufgeführt.

1.5.5 Rotationskolbenmaschinen (RKM)

Während bei den heute weitverbreiteten Hubkolbenmaschinen nur wenige grundsätzliche Bauarten möglich sind, gibt es bei den Rotationskolbenmaschinen überaus viele Variationen. Ähnlich wie bei den Stirlingmotoren ist die Fülle der Möglichkeiten so groß, daß sie sogar die Verwirklichung dieser Maschinen behindert hat. Man suchte immer neue, noch bessere Bauarten und schenkte den Hauptproblemen, vor allem der Abdichtung der Arbeitsräume, nicht genügend Beachtung.

Die große Anzahl grundsätzlicher Bauarten, von der jede einzelne in vielen und unterschiedlichen Bauformen erscheinen kann, erschwerte auch die folgende Einteilung (aus »Einteilung der Rotationskolben-Motoren« von F. Wankel) erheblich.

Die Rotationskolbenmotoren gliedern sich nach ihrem Schwerpunktverhalten in Drehkolben-, Kreiskolben- und Umlaufkolbenmaschinen. Ein weiteres Unterscheidungsmerkmal ist die Lage der Drehachsen, und zwar:

- parallelachsige RKM,
- winkelachsige RKM,
- geschränktachsige RKM,

die wiederum in innenachsige, außenachsige und mittelachsige Bauformen unterteilt werden. Ein letztes Unterscheidungsmerkmal ist die Eingriffsart. Die parallelachsige Rotationskolbenmaschine wird zum Beispiel wieder nach Kämm-, Schlupf-, Kreis-, Gegen- und Hubeingriff unterschieden.

Viele der Rotationskolbenmaschinen können ebenso als Motor wie auch als hydrostatisches Triebwerk ausgeführt werden (siehe unten »hydrostatisches Triebwerk«). Prinzipiell ist es sogar möglich, alle Rotationskolbenpumpen in Stirlingmaschinen oder in hydraulische Triebwerke umzubauen und umgekehrt.

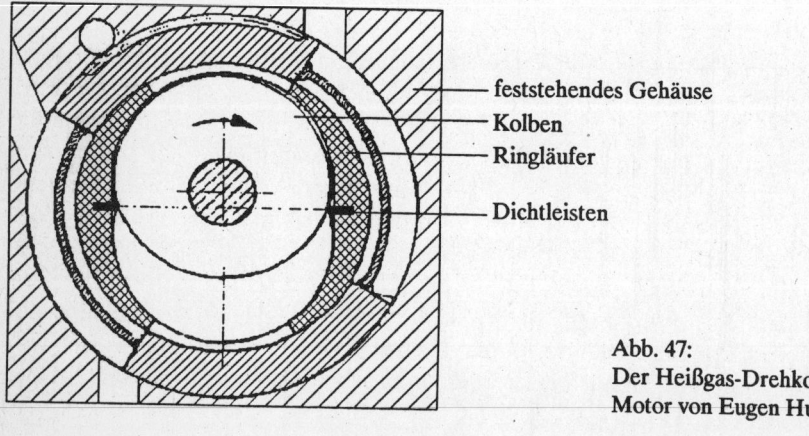

feststehendes Gehäuse
Kolben
Ringläufer

Dichtleisten

Abb. 47:
Der Heißgas-Drehkolben-
Motor von Eugen Huber

Die Drehkolbenmaschine (DKM)

Drehkolbenmaschinen haben nur gleichförmig drehende Teile, die unmittelbar in sich auszuwuchten sind. Ihre Lager sind also nicht fliehkraftbelastet. Diese Maschinen eignen sich infolgedessen für höchste Drehzahlen.

Ein Beispiel für diese Bauart ist die Heißgas-Drehkolbenmaschine aus 1971 von Eugen Huber, München (Prinzip von Cooley 1901).

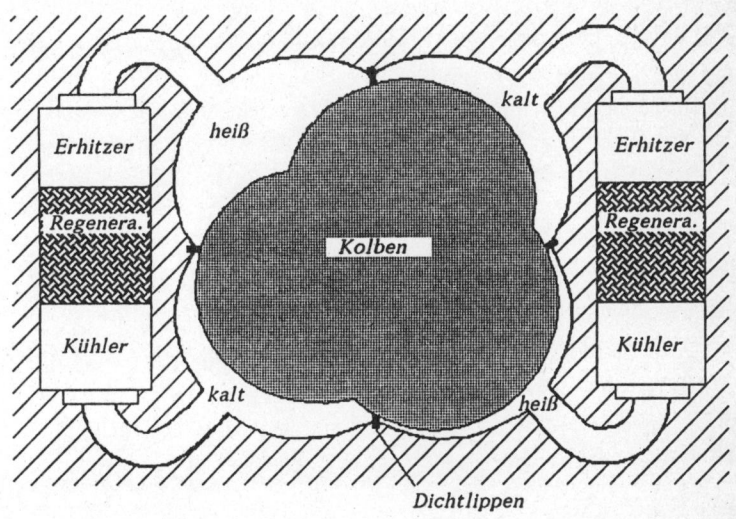

Abb. 48: Kreiskolben-Stirlingmotor nach einem Patent der Daimler Benz AG (1970)

Die Kreiskolbenmaschine (KKM)

Kreiskolbenmaschinen haben nur gleichförmig bewegte Teile, von denen mindestens eines kreist, d. h. sein Schwerpunkt läuft auf einer Kreisbahn gleichförmig um und es dreht sich zusätzlich gleichförmig um diesen Schwerpunkt. Dieses kreisende Teil ist nur mittelbar, also über eine Lagerstelle auswuchtbar. Je nach Ausbildung der fliehkraftbelasteten Lagerstellen sind diese Maschinen für mittlere bis hohe Drehzahlen geeignet.

Ein Beispiel eines Stirlingmotors dieser Bauart, mit dem sich Daimler Benz längere Zeit beschäftigte, ist eine »innenachsige Kreiskolbenmaschine mit äußerer ruhender Wandung und Kämmeingriff«.

61

Die Umlaufkolbenmaschine (UKM)

Das Leistungsteil oder ein anderes Arbeitsraum-Wandlungsteil (und somit auch der Schwerpunkt der Umlaufkolbenmaschine) dreht, kreist, durchläuft eine kreisartige Kurve oder vollführt eine translatorische Bewegung ungleichförmig. Somit sind diese Maschinen kaum auswuchtbar und nur für niedere bis mittlere Drehzahlen verwendbar.

Die drehkolbenartige Umlaufkolbenmaschine

Hierbei dreht ein Drehkolben-Leistungsteil ungleichförmig. Ein Beispiel ist die Stirlingmaschine von W. Ried, die noch im Planungsstadium ist. Es handelt sich hierbei um eine »kreiseleingriffähnliche, mittelachsige, drehkolbenartige Umlaufkolbenmaschine mit äußerer ruhender Wandung«. Von dieser Maschine ist bekannt, daß sie als hydraulische Pumpe, als Wärmepumpe, als Expanderteil einer Dampfmaschine und als Stirlingmotor mit Schlitzsteuerung konstruiert und als Plexiglasmodell gebaut wurde.

Bei der gezeigten Maschine müssen, wenn sie als Stirlingmotor ausgelegt wird, zwei Zylinder mit je zwei Kolben um 90° versetzt über einen Regenerator verbunden sein.

Auch hier zeigt sich ein Grund für die eher bescheidenen Erfolge der Rotationskolbenmaschinen: Da diese Maschine lediglich auf dem Papier steht und noch nie der Beweis der wirtschaftlichen Funktion erbracht wurde, scheut sich die Industrie in ein so »ungewisses Projekt« zu investieren.

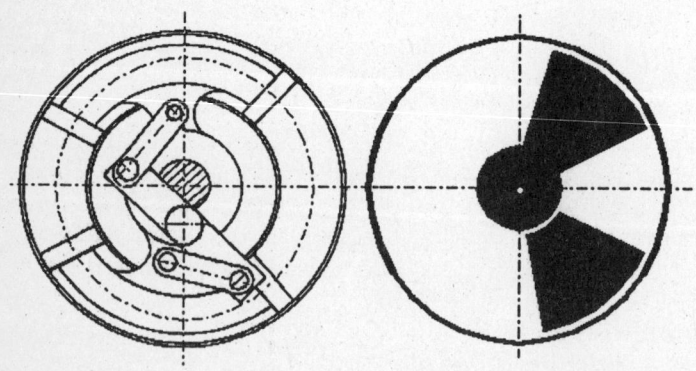

Abb. 49:
Drehkolbenartige Umlaufkolbenmaschine nach dem Patent von F. Munzinger, die durch Herrn W. Ried für eine Stirlingmaschine ausgelegt wurde.

Die kreiskolbenartige Umlaufkolbenmaschine

Hierbei kreist ein Kreiskolben-Leistungsteil ungleichförmig, durchläuft eine kreisartige Kurve oder bewegt sich ungleichförmig um seinen kreisenden Schwerpunkt. Eine Stirlingmaschine dieser Bauart ist mir nicht bekannt.

1.5.6 Hydrostatisches Verdrängertriebwerk

Die Bewegung eines Hubkolbens wird mittels Flüssigkeit auf einen Rotationskolben und umgekehrt übertragen. Vorteile dieser Triebwerksart sind:

a) Die am Kolben wirkenden Kräfte und Wege können nahezu beliebig umgelenkt, umgeformt und übersetzt werden.

b) Das Volumen der Flüssigkeit kann während des Betriebes verändert werden, so daß oberer und unterer Umkehrpunkt des Hubkolbens veränderbar sind.

c) Das einem Hubkolben zugeordnete Flüssigkeitsvolumen kann aus zwei Teilströmen bestehen, die beliebig addiert und subtrahiert werden können (Hubvolumen).

d) Es besteht eine große Freizügigkeit in der räumlichen Zuordnung von Zylindern und Triebwerk.

e) Es wirken keine Seitenkräfte zwischen Hubkolben und Zylinder.

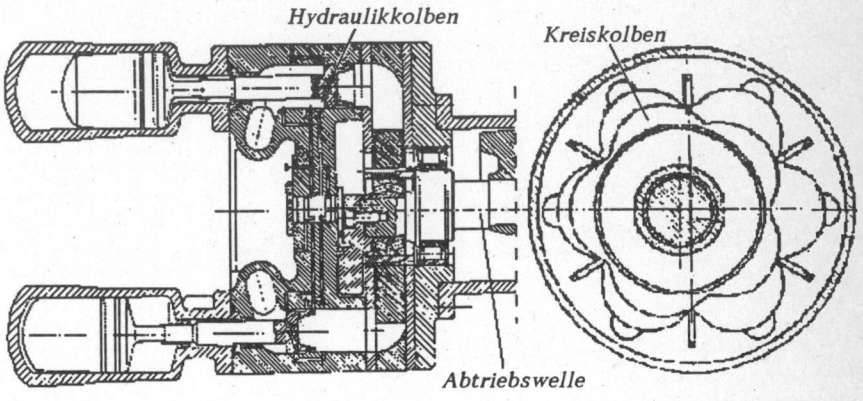

Abb. 50:
Doppeltwirkender Sechszylinder-Heißgasmotor mit hydrostatischem Kreiskolbentriebwerk. Die Rollsockendichtung trennt den Hochdruck Arbeitsraum von der Hydraulik.

1.5.7 Sonstige Triebwerke

Es wurden und werden noch viele weitere Triebwerke erfunden, die sich zum Betrieb von Heißluftmotoren eignen. Hier ein paar Beispiele :

- Zellenmaschinen (kreiskolbenartige Umlaufkolbenmaschinen)
- Schwenk- und Schwingkolbenmaschinen (drehkolbenartige Umlaufkolbenmaschinen)
- Quadrorhomb

Eine weitere Aufzählung der möglichen Brennraumanordnungen mit den entsprechend angepaßten Triebwerken und deren Beschreibung würden den Rahmen dieser Arbeit über die Stirlingmaschinen sprengen.

1.6 Vorzüge des Stirlingmotors

Trotz der vielfältigen Bauformen sind den Stirlingmotoren einige charakteristische Vorteile gemeinsam, und zwar Vorteile im Vergleich zu den kommerziellen Hub- und Drehkolben-Verbrennungsmotoren ebenso wie zu Gasturbienen.

■ *Vielstofffähigkeit*

Da der Stirlingmotor mit allem, was eine Temperaturdifferenz hervorruft, direkt betrieben werden kann, sind fast alle Wärmeerzeuger, wenn es der Einsatz erfordert, denkbar. Mögliche Wärmeerzeuger sind feste, flüssige und gasförmige Brennstoffe ebenso wie Wärmespeicher, Sonne, chemische Reaktion und Kernenergie.

■ *Äußere und kontinuierliche Verbrennung*

Durch äußere, kontinuierliche Verbrennung hat der Stirlingmotor wenig Geräusch- und Schadstoffemmissionen. Damit können nachgeschaltete Katalysatoren und Lärmdämpfer entfallen. Auch fehlen die Druckspitzen im Brennraum, die zur Verkürzung der Lebensdauer und zur schwereren Ausführung des Getriebes führen würden. Gegebenenfalls könnte auch eine katalytische Verbrennung als Antrieb zum Einsatz kommen.

■ *Schwingungsarmut*

Durch Fehlen der Druckspitzen und Verwendung günstiger Getriebe kann die Stirlingmaschine fast schwingungsfrei bei höchsten Drehzahlen betrieben werden. Das eindruckvollste Beispiel zeigte der Philips 1-98 mit Rhombengetriebe. Der Motor lief so ruhig, daß ein eckiges 3-Penny-Stück senkrecht auf dem Kurbelgehäuse ohne zu wackeln ruhte, während sich die Kurbelwelle bei Vollast mit 3.000 U/min. drehte.

■ *Relativ hohe Wirkungsgrade erzielbar*

Aufgrund des günstigeren Idealprozeßes und der besseren Umsetzung sind energetisch höhere Umwandlungswirkungsgrade, insbesondere bei Teillast, erzielbar.

■ *Wartungsfreundlichkeit*

Da ein Stirlingmotor mit relativ wenigen Teilen gebaut werden kann, ein hermetisch abgeschlossenes Motorengehäuse besitzt, mit wenig Schwingungen bzw. Erschütterungen läuft und meistens ölfrei betrieben wird, ist dieser fast wartungsfrei. Diese Aussage gilt aber je nach Bauart nur mit gewissen Einschränkungen.

- *Nutzung von Niedertemperaturwärme*

  Der Stirlingmotor kann je nach Ausführung bereits mit einer sehr kleinen Temperaturdifferenz betrieben werden (beim Kolinmotor sind es z.B. ΔT = 16 K). Zwar sind keine überragenden Wirkungsgrade erzielbar, trotzdem kann damit aus Niedertemperaturwärme noch Nutzenergie gewonnen werden.

- *Geschlossenes System*

  Als Arbeitsmedium sind grundsätzlich fast alle Gase geeignet (z.B. Luft, Wasserstoff, Helium, ...), so daß diese Maschine auch unter Umweltgesichtspunkten interessante Vorteile bietet (z.B. FCKW-freie Wärmepumpe oder Kühlmaschine). Außerdem können keine Verbrennungsrückstände in den Kreislauf der sich bewegenden Teile gelangen.

- *Viele Einsatzmöglichkeiten*

  Der Stirlingmotor kann für jeden nur denkbaren Anwendungsbereich eingesetzt werden (z.B. Blockheizkraftwerk, Generatorsatz, U-Boot Antrieb, Herzschrittmacher, Wärmepumpe, Kühlschrank, Wasserpumpe, Kühlaggregate in Satelliten, usw.). Näheres zum Einsatzgebiet vgl. Kapitel 3.

- *Einsatz von Keramik*

  In den Heißzonen des Stirlingmotors können mit relativ wenig Aufwand Keramikteile (z.B. glas-keramische Ummantelungen) verwendet werden, weil der Brenner sich außerhalb des Motors befindet und dort die Fertigungstoleranzen groß sein können. Außerdem entfallen die Schläge auf Kolben und Getriebeteile, so daß auch dort Keramik zum Einsatz kommen kann. Die Vorteile, die der Einsatz von Keramik bietet, sind zum einen die Erhöhung des Wirkungsgrades durch Erhöhung der Temperaturdifferenz, die Reduzierung der Reibungsverluste und nicht zuletzt auch Kostenvorteile, die bei Massenproduktion zu Preissenkung führen können.

1.7 Wärmequellen

Einer der größten Vorteile der Stirlingmaschine gegenüber anderen Verbrennungsmotoren liegt in seiner Vielstofffähigkeit. Der Stirlingmotor ist ein »Allesfresser«; er kann, je nach Brenner, mit allem betrieben werden, was eine Temperaturdifferenz hervorruft. Dabei darf jedoch nicht übersehen werden, daß bei sinkenden Verbrennungstemperaturen die Temperaturdifferenz und damit auch der thermische Wirkungsgrad sinkt. Im folgenden werden nun die wichtigsten Wärmequellen behandelt, mit denen Stirlingmotoren bereits getestet wurden.

1.7.1 Feste Brennstoffe

Die Vorteile der hier aufgeführten Festbrennstoffe liegen in der problemlosen und ungefährlichen Speicherung. Die erreichbaren effektiven Wirkungsgrade sind jedoch niedriger als bei flüssigen oder gasförmigen Brennstoffen. Dieser Unterschied ergibt sich aus folgenden Gründen:

- Für eine vollständige Verbrennung ist bei älteren und schlechten Kesselanlagen mehr Luftüberschuß notwendig, dadurch sind die Abgasverluste höher; neuere Anlagen für flüssige und gasförmige Brennstoffe sind in der Lage, ohne Luftüberschuß optimal zu verbrennen.

- Es gibt im allgemeinen höhere Verluste durch Brennbares in der Schlacke, durch Flugkoks, Ruß, unverbrannte Gase und durch fühlbare Wärme in den Verbrennungsrückständen.

- Die Verbrennung kann nicht so exakt gesteuert werden.

- Bei der Verbrennung von Feststoffen sollte eine bestimmte Verbrennungstemperatur (bei Kohle 1.100°C, bei Holz 1.500°C) nicht überschritten werden, weil sonst Schlackebildung aus verflüssigter Asche einsetzt, die zur Verkrustung des Erhitzers führt.

- Es muß eine gewisse Restwärme vorhanden sein, um den Abzug zu gewährleisten. (Eine bessere Möglichkeit ist ein Rauchgasventilator.) Es besteht allerdings die Möglichkeit, mit Hilfe eines Brennwertgerätes, das den Wasserdampf im Abgas auskondensiert, den Wirkungsgrad einer optimierten Feststoffverbrennung fast auf den einer Gas- oder Flüssigstoffverbrennung anzuheben.

Holz

Holz hat einen unteren Heizwert H_u = 10,5 - 15,5 MJ/kg und kann sehr schadstoffarm und vor allem schwefelfrei verbrannt werden. Gerade in ländlichen Gegenden, wo viel Schnitt- und Restholz anfällt und oftmals sowieso mit Holz geheizt wird, wäre es sinnvoll, den Wirkungsgrad mit Hilfe einer Stirlingmaschine zu steigern. Holz fällt in vielfältiger Form (als Sägespäne, Hackschnitzel, Äste) an. In Tokio wurde ein Stirlingmotor (P = 10 kW) mit Holzbriketts, die aus gepreßten Rinden und Schnittholzchips hergestellt wurden, über eine spezielle Bestückungsanlage erfolgreich betrieben.

Auch Herr Kufner hat in Zusammenarbeit mit der Firma Maurus eine solche Anlage gebaut.

Das Ergebnis einer Recherche der Forschungsgesellschaft Joanneum, die sich mit der Technik von holzbefeuerten Anlagen beschäftigt, klingt vielversprechend: Holzbefeuerte Stirlingkraftwerke könnten unter der Voraussetzung, daß die notwendigen Entwicklunsarbeiten erfolgreich sind, im Leistungsbereich von 3 bis 200 kW_{el} wirtschaftlich eingesetzt werden. Die Stromerzeugungskosten liegen dabei unter denen eines Holzgas- oder Dampfkraftwerkes. Ein wichtiger Faktor ist auch, daß Holz ein nachwachsender Rohstoff ist.

Kohle

Je nach Verfügbarkeit kann jede Kohle von der Weichbraunkohle bis zum Anthrazit (bis 95% reiner Kohlenstoff) verwendet werden. Der höchste Wirkungsgrad eines Stirling-Erhitzersystems auf der Basis von festen Brennstoffen ist mit Kohle und mit Hilfe einer Wirbelschichtverbrennung erreichbar. Der Schwefel im Abgas muß allerdings als Nachteil gewertet werden.

Brennstoff fest	Heizwert H in MJ/kg	Brennstoff flüssig	Heizwert H in MJ/kg	Brennstoff gasförmig	Heizwert H in MJ/kg
Braunkohle	2,8 - 24,3	Benzin	42	Butan	124
Steinkohle	26,0 - 32,3	Diesel	38-43	Gichtgas	4,0
Anthrazit	30,0 - 31,4	Erdöl	41	Kohlenmonoxid	12,6
		Heizöl	41	Propan	93,4
		Petrolium	40,8	Stadtgas	15,9 - 20,5
		Teer	34	Wasserstoff	10,8
		Äthylalkohol	27	Erdgas (trocken-naß)	29-42
		Methylalkohol	19,5		

Abb. 51: Brennstoffe für Stirlingmotoren

Torf

Torf hat einen unteren Heizwert von H_u = 0,9 - 1,2 MJ/kg (abbaufeucht) bzw. H_u = 13,2 - 16,2 MJ/kg (lufttrocken). Auch bei diesem Brennstoff läßt sich durch Einsatz der Stirlingmaschine in Wärme-Kraft-Kopplung die Energieausbeute gegenüber einer einfachen Verbrennung deutlich erhöhen. Aus ökologischen Gründen ist der Abbau der Torfmoore jedoch generell - also nicht nur zur Brennstoffgewinnung - abzulehnen.

Feste Abfallprodukte

Unser Hausmüll hat einen H_u = 3,1 - 7,5 MJ/kg. Mit einer geeigneten Bestückungsanlage und »sauberem« Müll (ohne Kunststoffe, Batterien, ...) ist ein wirtschaftlich rentabler und umweltfreundlicher Betrieb eines Stirlingkraftwerks auch bei Leistungen unter 200 kW$_{el}$ denkbar.

Sonstige Festbrennstoffe

Im Zuge der biotechnischen Sonnenenergienutzung werden unter anderem auch bestimmte Gräser als schnell nachwachsenden Rohstoffe gezüchtet, angebaut und getestet. Versuche ergaben, daß im Falle von Elefantengras ca. 20 - 25 Tonnen pro Hektar und Jahr geerntet werden können, was vom Energieinhalt ungefähr 8.000 l Heizöl entspricht. Ebenso könnte auch in der hiesigen Landwirtschaft anfallendes Brennmaterial wie Getreidehalme, Maisgräser oder Reisstroh, das normalerweise nutzlos verbrannt wird, sinnvoll genutzt werden.

1.7.2 Flüssige Brennstoffe

Flüssige Brennstoffe können vollständiger verbrannt werden als feste, weil die chemische Umsetzung exakter gesteuert und die Verbrennungsreaktion bei höheren Temperaturen ablaufen kann. Somit sind hier auch höhere Wirkungsgrade erreichbar. Die flüssigen Brennstoffe sind zwar etwas gefährlicher im Umgang, lassen sich dafür aber sehr volumensparend und bequem speichern und mit geringem Aufwand sehr genau dosiert dem Brennraum zuführen. Verunreinigungen in der Flüssigkeit können recht einfach ausgefiltert werden.

Flüssige fossile Brennstoffe

Es können alle fossilen Brennstoffe eingesetzt werden, wobei die Wahl in erster Linie von den jeweiligen Einsatzbedingungen bestimmt wird. Der Umgang mit dem Brennstoff und der Stand der Verbrennungstechnik sind allgemein bekannt. Durch Fortschritte bei der Brennertechnik können allerdings immer noch Wirkungsgradverbesserungen erzielt werden. Generell lassen sich bei der kontinuierlichen Verbrennung wesentlich bessere Abgaswerte erreichen als bei Motoren mit innerer Verbrennung. Zur Zeit werden die flüssigen Brennstoffe allgemein bevorzugt, was global ökologisch bedenkliche Folgen zeigt.

Alkohole

Alkohole werden als Treibstoff oft vorgeschlagen. Sie haben den Vorteil, daß man sie aus nachwachsenden Rohstoffen gewinnen, sauber verbrennen und genauso gut speichern kann wie z.B. Benzin.

Sonstige Flüssigbrennstoffe

Die Firma United Stirling Schweden erprobte den außenluftunabhängigen Betrieb eines U-Bootes mit Wasserstoffperoxid als Oxidat und Dieselkraftstoff mit dem Stirlingmotor Typ 4-615.
Bei der Stirlingmaschine ist es auch kein Problem, pflanzliche Öle und Fette als Treibstoff zu verwenden. So wurde bereits mehrmals zu Demonstrationszwekken bei Phillips ein Stirlingmotor abwechselnd mit Benzin, Alkohol, Diesel-, Schmier-, Salat- und rohem Erdöl ohne sichtbare Wirkungsgradschwankungen betrieben.

1.7.3 Gasförmige Brennstoffe

Die Verbrennung erfolgt schneller als bei festen und flüssigen Brennstoffen, da die Vergasung entfällt. Entscheidend für die Güte der Verbrennung ist die Gas-Luft-Mischung, wobei nur ein geringer Luftüberschuß erforderlich ist (dafür jedoch mehr NO_x - Bildung). Die Strahlungszahlen der Gasflamme liegen in der Regel niedriger als bei festen und flüssigen Brennstoffen. (C $\approx$ 2,3 $\cdot$ 10^{-8} W/m^2 K^4 für gasförmige Brennstoffe). Das bedeutet, daß die Verbrennungsgase im allgemeinen langsamer abkühlen als bei anderen Brennstoffen.

Bio-, Klär- und Deponiegas

Biogas besteht zu 50 - 70% aus Methan und der durchschnittliche Heizwert beträgt 25 MJ/m^3.
Deponiegase weisen oft schwer definierbare und giftige Bestandteile auf (z.B. Dioxine) und sollten daher bei niedrigen Temperaturen verbrannt werden. Hier würde sich die Kraft- Wärme-Kopplung (KWK) mittels einer Stirlinganlage anbieten. Es sind zwar noch keine Bio-, Klär- oder Deponiegas-Stirlinganlagen bekannt, aber diese Kombinationen würde sich sehr gut für künftige Projekte eignen.

Sonstige Brenngase

Alle die in der Tabelle (Abb. 51) aufgeführten Brenngase wurden bereits mit Stirlingmotoren betrieben. Für die Auswahl des Brennstoffes sind auch hier wieder Einsatzgebiet, Abgaszusammensetzung, Verfügbarkeit, Heizwert und Speichergelegenheit mitentscheidend.

1.7.4 Sonnenenergie

Die Idee, thermische Sonnenenergie durch Stirlingmotoren zu »veredeln«, hat der Entwicklung von Stirlingmaschinen in den letzten Jahren wichtige Impulse gegeben. Die Wärmeübertragung an den Prozeßraum kann dabei mit Spiegeln, Linsen oder einem Wärmerohr realisiert werden.

Solare Energieversorgungssysteme für Raumflugkörper

Trotz ihrer höheren Komplexität wird eine solardynamische Anlage für die geplante Raumstation Columbus derzeit favorisiert, weil sie bei gleicher Masse durch ihren höheren Systemwirkungsgrad deutlich kleinere Kollektorflächen als eine photovoltaische Anlage benötigt. Dadurch wird der Treibstoffbedarf für den Aufbau der Station erheblich reduziert.

Terrestrische solardynamische Systeme

Die für kleine Solar-Stirling-Systeme im Leistungsbereich von 20 - 200 kW angegebenen Wirkungsgrade werden von anderen Anlagenkonzepten erst bei Leistungen von mehr als 10 MW erreicht. Es wurden bereits Dish-Stirling Anlagen (z.B. Parabolspiegel) mit einem Jahresenergiewirkungsgrad bis zu 27% als Prototypen gebaut. Ein Beispiel der Leistungsfähigkeit solardynamischer Systeme ist der Prototyp von Schlaich & Partner. Bei dieser Anlage wurde ein Stirlingmotor vom Typ 4-275 von USAB eingebaut.

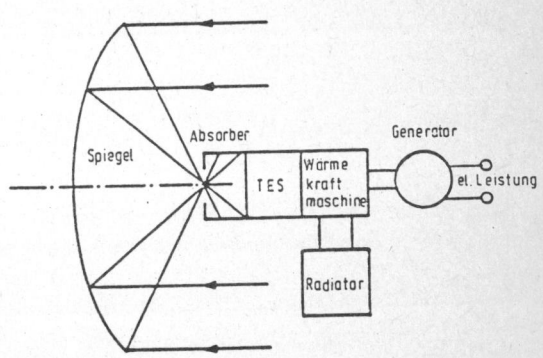

Abb. 52:
Schema eines solar-
dynamischen Systems

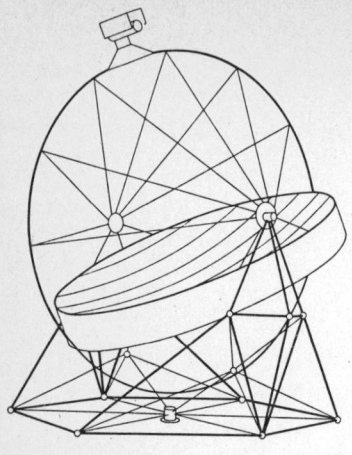

Abb. 53:
Dish-Stirling System von Schlaich & Partner

Technische Daten (Solarstrahlung 1000 W/m²):

Konzentratordurchmesser	17 m
verfügbare therm. Leistung	142,6 kW
elektrische Leistung	54,5 kW
Netto - Netzeinspeisung	52,5 kW
Konzentratorwirkungsgrad	78,7%
Receiververlust	36 kW
Stirling-Wirkungsgrad	42%
Generator-Wirkungsgrad	91%
Gesamtwirkungsgrad	15 - 18%

1.7.5 Energie aus Niedertemperaturwärme

Die Stirlingmaschine ist in der Lage, aus Niedertemperaturwärme noch Nutzenergie zu erzeugen, in einem Maße wie keine andere Anlage dazu fähig ist. Der Niedertemperatur-Solar-Stirlingmotor von Herrn Weber aus Nürnberg läuft bereits bei Temperaturdifferenzen von 7 K an. Der thermische Wirkungsgrad wird allerdings mit abnehmender Temperaturdifferenz immer kleiner. Vielfach ist jedoch die Verfügbarkeit, besonders in Entwicklungsländern, gegenüber dem Wirkungsgrad das wichtigere Kriterium.

Damit sind viele Anwendungen denkbar, wie zum Beispiel die Energierückgewinnung aus Abwärme. Auch könnte Erdwärme dort, wo sich eine Großanlage nicht rentiert, noch sinnvoll genutzt werden. Ebenso sind Solaranlagen zur Stromerzeugung mit Wasser als Wärmeträger denkbar.

1.7.6 Thermische Energiespeicher (TES)

Jedes Material, das Wärme für eine akzeptable Zeit speichert und auch hinreichend schnell wieder abgeben kann, ist als Medium für einen thermischen Energiespeicher geeignet. Die Speicher-Temperatur für solche Energiespeicher, die auch als »Wärmeakku« oder als »Thermikbatterie« bezeichnet werden, sollte nach Möglichkeit zwischen 600 und 1000°C liegen. Abb. 54 zeigt schematisch einige Möglichkeiten der Energieumwandlung mit Speicher und Stirlingmotor. Bei den thermischen Energiespeichern unterscheidet man Latentwärmespeicher (Aggregatzustand und Volumen ändern sich) und Wärmespeicher, bei denen sich nur die Temperatur ändert.

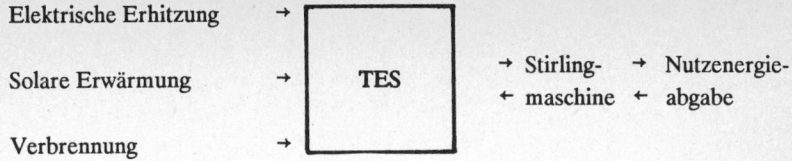

Elektrische Erhitzung →

Solare Erwärmung → **TES** → Stirling- → Nutzenergie-
← maschine ← abgabe

Verbrennung →

Abb. 54: Kopplung von Stirlingmotoren mit thermischen Energiespeichern und -quellen.

Wünschenswerte Eigenschaften von thermischen Energiespeichern:
- hohe spezifische Wärmekapazität und Energiedichte,
- chemische Stabilität,
- metallurgische Kompatibilität mit verfügbaren Containermaterialien,
- geringe Toxizität und Unbrennbarkeit,
- gute Verfügbarkeit und niedriger Preis.
- hoher Ladewechselwirkungsgrad (das ist das Verhältnis von nutzbarer Wärme zu zugeladener Wärme beim Ladungswechsel).

Unter diesen Gesichtspunkten wurden einige Speichermaterialien untersucht. Einen praktischen Versuch startete GM in den 60 er Jahren mit einem 10-Jahres-Test einer TES-Stirling Kombination und verglich die Ergebnisse mit denen eines Batterie-elektrischen Antriebssystems in einem Stadtbus. Das Speichermaterial war Aluminiumoxyd. Tabelle 4 nennt einige Ergebnisse dieses Systemvergleichs.

	TES - Stirling System	Batterie-elektrisches System	Verhältnis TES/Batterie
Reichweite (km)	75	75	1
Antriebssystem Masse (kg)	4.301	16.430	0,26
Antriebsystem Volumen (m³)	2,52	7,65	0,33
Gesamtgewicht (kg)	15.185	27.315	0,56

Tabelle 4: Stadtbus Charakteristik (Angabe GM)

Ferner entwickelte General Motors ein Antriebssystem für U-Boote. Als Speicher fungierte ein Lithium-Salz Behälter, in den die Erhitzerrohre direkt eingelassen waren.
Zusammenfassend läßt sich feststellen, daß diese Art einer Sekundärwärmequelle für einige Anwendungen hervorragend geeignet ist, aber nur wenig Vorteile gegenüber fossilen Treibstoffsystemen hat. Auch ist hier noch ein erhebliches Entwicklungspotential zu bewältigen.

73

Unter diesen Gesichtspunkten wurden einige Speichermaterialien untersucht. Einen praktischen Versuch startete GM in den 60 er Jahren mit einem 10-Jahres-Test einer TES-Stirling Kombination und verglich die Ergebnisse mit denen eines Batterie-elektrischen Antriebssystems in einem Stadtbus. Das Speichermaterial war Aluminiumoxyd. Tabelle 4 nennt einige Ergebnisse dieses Systemvergleichs.

Ferner entwickelte General Motors ein Antriebssystem für U-Boote. Als Speicher fungierte ein Lithium-Salz Behälter, in den die Erhitzerrohre direkt eingelassen waren.

Zusammenfassend läßt sich feststellen, daß diese Art einer Sekundärwärmequelle für einige Anwendungen hevorragend geeignet ist, aber nur wenig Vorteile gegenüber fossilen Treibstoffsystemen hat. Auch ist hier noch ein erhebliches Entwicklungspotential zu bewältigen.

Material	Volumen (l)	relativ zu LiF	Masse (kg)	relativ zu LiF
Lithiumfluorid	0,87	-	1,56	-
Lithiumhydrid	0,89	1,02	0,48	0,31
Lithiumhydroxid	0,76	0,87	1,11	0,71
Silber-Zink Batterie	7,62	8,76	16,0	10,26

Tabelle 5: Energiespeicherdaten nach G. T. Reader

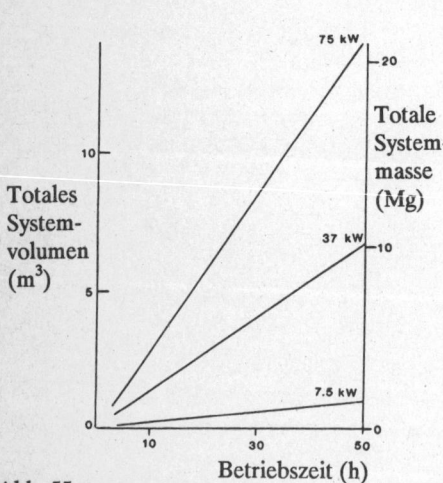

Abb. 55:
Vorausberechnung eines TES-Stirling-
Systems von General Motors
(nach G.T. Reader).

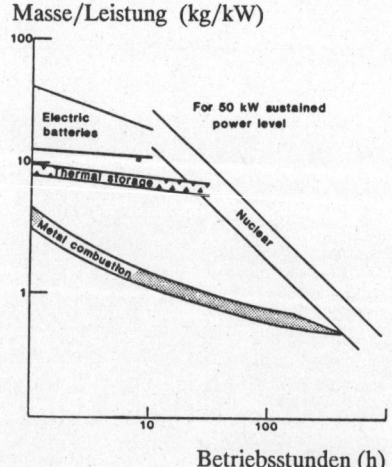

Abb. 56:
Vergleich verschiedener Speicherarten
für einen 50 kW-Motor im U-Boot-Betrieb
(nach G.T. Reader).

1.7.7 Thermochemische Speicher

Diese Speicher lassen sich mit den thermischen Energiespeichern (TES) vergleichen. Sehr vielversprechend erscheinen die 1989 vorgestellten, von der BASF entwickelten Magnesiumhydridspeicher, die in den im letzten Kapitel gezeigten Tabellen und Bildern nicht aufgeführt werden. Die genauen Daten dieser neuen Speicher, bei denen Wasserstoff zwischen der Nieder- und Hochtemperaturspeichereinheit je nach Ladungsniveau verschoben wird, sind derzeit noch nicht verfügbar. Die Firma Bomin Solar entwickelt aber bereits einen Verbund mit Stirlingmotoren und MgH-Speichern. Die Vorteile dieser Speichermöglichkeit liegen im Gegensatz zu den TES in der fast verlustfreien Speicherung der Wärme in Form von chemischer Energie. Nachteilig sind momentan noch die Verfügbarkeit des Materials und der Preis.

1.7.8 Energie aus radioaktiven Isotopen

Für einige Einsatzgebiete (Hochseebojen, Unterwasseranlagen und Raumfahrt) wird auch der Einsatz von Atomenergie erwogen. Auf diesem Gebiet laufen seit vielen Jahren intensive Forschungsvorhaben.

Bei der Entwicklung eines künstlichen Herzens wurde Plutonium 238 verwendet. Für einen thermomechanischen Generator eines wartungsfreien Langzeiteinsatzes in Hochseebojen wurde das Radioisotop Strontium 90 vorgesehen. Gegenwärtig werden aus Gründen der Sicherheit und der Sozialverträglichkeit Radioisotope als Wärmequelle für Stirlingmotoren nur in den Bereichen Militär und Raumfahrt benutzt und angeboten.

1.7.9 Metallverbrennung

Bei der Metallverbrennung wird ein Alkalimetall (Lithium oder Natrium) als Kraftstoff eingesetzt, das mit Seewasser (auch unter Luftabschluß) als Sauerstofflieferant verbrennt. Diese Wärmequelle wird meist dann angewendet, wenn die Konstruktionsvorgaben in erster Linie geringe Emission und Verzicht auf fossile Kraftstoffe, aber auch eine längere Betriebszeit verlangen.

Falls kein Seewasser zur Verfügung steht, kann das Metall auch mit anderen Oxidantien verbrannt werden. Dafür wird meist eine Mischung von Lithium und Schwefelhexafluorid (SF_6) verwendet, die eine sehr hohe Reaktionsenthalpie ohne die unerwünschten und großen Abgasvolumen liefert. Allerdings gibt es, wie bei Lithiumsalz als thermischem Energiespeicher, ein Containermaterialproblem. Lithium ist in flüssiger Form bei 800°C, wie es eine Stirlingmaschine fordert, äußerst korrosiv. Dafür muß eine spezielle Stahl-Nickel-Legierung aus rostfreiem Stahl benutzt werden. Erste positve Versuchsergebnisse lassen jedoch eine breite Anwendung möglich erscheinen. Allerdings ist die Metallverbrennung ökologisch sehr bedenklich (wg. Entstehung von Sondermüll).

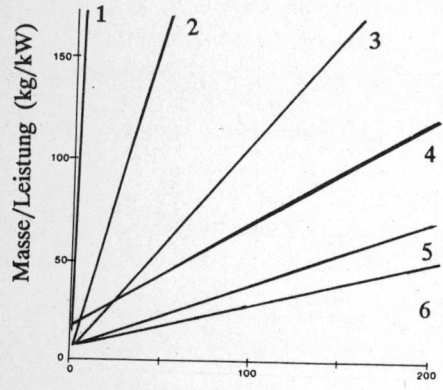

1   Blei-Säure Akkus
2   TES-Stirling-System
3   Dieselmotor (flüssiger O_2-Träger)
4   Brennstoffzelle (H_2 - O_2)
5   Lithium-Freon-Stirlingmotor
6   Lithium-SF_6-Stirlingmotor

Abb. 57: Gegenüberstellungen der verschiedenen Speicherarten nach G.T. Reader.

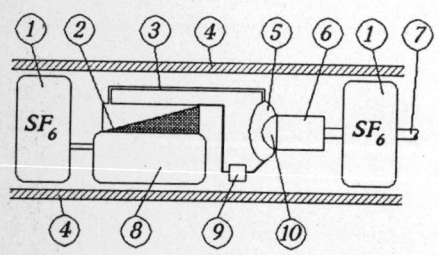

1   SF Speicher (SF ist flüssig)
2   Wärmetauscher
3   Natriumdampfleitung
4   U-Boot Rumpf
5   Natrium Kondensator
6   Stirlingmotor
7   Abtriebswelle
8   Reaktorkessel mit festem Lithium
9   Flüssigmetallpumpe
10   Erhitzerrohre des Stirlingmotors

Abb. 58:
Anordnung eines Metallverbrennungssystems, entwickelt von GM für einen U-Boot-Antrieb. Die chemische Reaktionsformel lautet:

$$8\,Li + SF_6 \rightarrow 6\,LiF + Li_2S + Wärme$$

Bei einem Schnellstart konnte mit diesem System innerhalb einer Sekunde eine Temperatur von 700°C im Reaktorkessel erreicht werden. Die Verbrennungsprodukte sind ebenso Schmelzflüssigkeiten, die zum Vorteil der meisten Anwendungen das gleiche Volumen wie der Brennstoff einnehmen.

2. Allgemeine Probleme der technischen Realisierung

Im vorigen Jahrhundert wurde die Heißluftmaschine aufgrund damals unlösbarer Probleme bzw. mangels geeigneter Techniken und Materialien von dem Verbrennungs- und Elektromotor immer mehr verdrängt. Die entscheidenden Probleme, über die man damals nicht hinweg kam, waren die Abdichtung von trockener heißer Luft und die Vermeidung des Durchbrennens der Feuertöpfe (Zylinder auf der heißen Seite).

Inzwischen sind neue Ideen und Werkstoffe auf dem Markt, mit denen es möglich ist, wirtschaftlich arbeitende Stirlingmaschinen zu bauen. Trotz allem sind die typischen Probleme, die bei der Konstruktion dieser Maschinen bzw. bei der Realisierung des Stirlingprozesses auftreten, teilweise noch immer vorhanden.

2.1 Dichtungen

Die Dichtelemente haben die Aufgabe, zu verhindern, daß einerseits das unter höherem Druck stehende Arbeitsgas entweicht und andererseits das Schmieröl in den Arbeitsraum gelangt, wo es die Wärmetauscher verschmutzen würde. Zudem müssen die Arbeitsräume getrennt und die Maschine nach außen abgedichtet werden. Für die verschiedenen Aufgaben sind entsprechend verschiedene Dichtungen zuständig.

2.1.1 Kolbenstangendichtung

Bei Motoren kleinerer Leistung entspricht im allgemeinen der Druck im Kurbelgehäuse dem minimalen Arbeitsgasdruck. Da bei niedrigen Leistungen auch die Druckdifferenzen nicht zu groß werden, ist die Abdichtung zwischen Kurbel- und Arbeitsraum nicht sehr problematisch. Bei Motoren größerer Leistung sind die Arbeitsdrücke sehr hoch (bis 200 bar); ein Kurbelgehäuse, das unter so hohem Druck steht, würde eine sehr große und schwere Bauweise zur Folge haben. Deshalb wird hier der Arbeitsraum gegen Atmosphärendruck abgedichtet. Man unterscheidet bei kinematischen Maschinen zwischen zwei Dichtungsgrundformen:

Die Rollsockendichtung

Sie besteht aus einer gummiähnlichen Membran aus Polyurethan- oder Viton-Gummi. Da diese Rollsocke selbst keine großen Druckdifferenzen aufnehmen kann, befindet sich auf der Unterseite Stützöl, das dafür sorgt, daß Druckdifferenzen von weniger als 4,5 bar auftreten. Der Druck des Stützöls wird über ein Regelventil geregelt. Ein Pumpring pumpt das Lecköl nach. Diese Lösung hat aber den Nachteil, daß die Dichtleistung im Stillstand noch nicht beherscht wird. Angaben über die Lebensdauer einer Rollsockendichtung reichen von 5.849 h bei 40°C (GM) bis 25.000 h bei 25°C (Philips).

Ein Bruch der Rollsocke hätte die Folge, daß der Arbeitsraum mit Öl verschmutzt würde. Alle Wärmetauscher (Erhitzer, Kühler und Regenerator) müßten danach vollständig gesäubert werden, um ihre Leistungsfähigkeit wiederherzustellen. Trotz intensiver Entwicklungsarbeit liegen noch keine befriedigenden Ergebnisse vor.

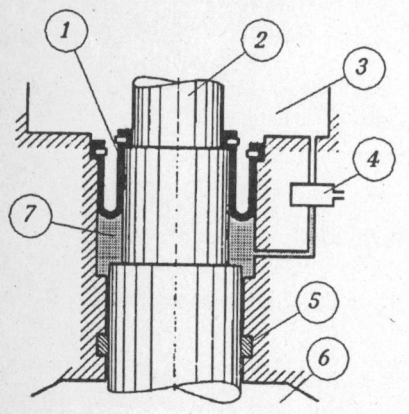

Abb. 59: Die Rollsockendichtung

1 Rollsockendichtung
2 Kolbenstange
3 Arbeitsgas
4 Regelventil
5 Pumpring
6 Kurbelgehäuse
7 Stützöl

Gleitdichtungen

Hierbei handelt es sich um ein Dichtungssystem, das aus mehreren Einzeldichtungen besteht. Das Problem hierbei ist, einen Kompromiß zwischen guter Abdichtung und möglichst geringen Reibungverlusten zu finden.

Die Dichtungssysteme bestehen meist aus einer O-Ring-Dichtung und einem Ölabstreifring. Es sind hier sehr viele Dichtungskombinationen möglich (z.B. Gleitring mit Rollsocke). Ein weiteres Problem der Gleitdichtungen ist die Leckage von Arbeitsgas, insbesondere von Wasserstoff. Daher ist besonders bei Wasserstoff ein Arbeitsgas-Nachfüllbehälter erforderlich.

Erschwerend bei der Konzeption von Dichtungssystemen ist Umstand, daß der genaue Mechanismus ölgeschmierter Dichtungen bis heute nicht vollständig beschrieben werden kann und dadurch praktische Versuche unumgänglich sind.

78

2.1.2 Kolbendichtungen

Diese müssen in erster Linie den Expansions- vom Kompressions- bzw. vom Pufferraum trennen und dürfen nur geringe Reibungsverluste erzeugen. Die Kolbendichtungen müssen trocken laufen, weil Öl in den Arbeitsräumen die Wärmetauscher verschmutzen würde. Mögliche Dichtungen sind Labyrinth-, Grauguß-, Kunststoff- und natürlich Keramikringe.

Neben der Verschleißfestigkeit muß bei der Konzeption und Materialwahl der Dichtung auch der Wärmeübergang zwischen Kolben und Zylinder berücksichtigt werden, ebenso wie die Stärke der Kolbenseitenkräfte.

2.1.3 Abdichtung von Freikolbenmotoren

Diese Motoren besitzen meist keine mechanische Verbindung nach außen und können somit hermetisch abgedichtet werden. Auch sind die Seitenkräfte der Kolben in der Regel nur sehr gering. Damit bereitet die Abdichtung von Freikolbenmaschinen nach außen technisch kaum Probleme.

2.2 Arbeitsdruck

Die Leistungsabgabe ist proportional zu den Druckunterschieden beim Durchlaufen des Kreisprozesses. Außerdem ist bei höheren Drücken der Wärmeübergang Wand - Gas bzw. Gas - Wand besser.

Daher wird, um größere Leistungen zu erreichen, der Druck des Arbeitsmediums erhöht. Mit einer Druckregelung kann damit z.B. auch eine Leistungsregelung erfolgen. Der relativ zum Umgebungsdruck hohe Arbeitsdruck (bis 250 bar) erfordert besondere konstruktive Maßnahmen zur Abdichtung nach außen.

2.3 Wärmetauscher

Im Stirlingmotor kommen im allgemeinen drei Arten von Wärmetauschern zum Einsatz. Der *Erhitzer*, der *Regenerator* und der *Kühler* unterliegen zwar meist dem gleichen Druck, aber nicht den gleichen Temperaturbelastungen.

Der Erhitzer

Die Leistung eines Stirlingmotors ist proportional zur Stärke des zugeführten Wärmestroms:

$$q = k \cdot \Delta T$$

mit q → spezifischer Wärmestrom (Wärmestromdichte) in W/m, ΔT → Temperaturdifferenz in K und k → Wärmedurchgangszahl in W/(m² K), wobei die Wärmedurchgangszahl durch die Leitfähigkeit des Materials und die 2 Wärmeübergänge (im allgemeinen konvektiv) beeinflußt wird:

$$k = 1/(1/\alpha_1 + d/\lambda + 1/\alpha_2)$$

mit α → Wärmeübergangszahl in W/(m² K) , d → Wanddicke in m und λ → Wärmeleitfähigkeit in W/(m K).

Die Grenzen von T_{wand} sind durch die Temperatur der Energiequelle bzw. durch die Materialbelastbarkeit gegeben. Zu dem konvektiv an das Arbeitsgas übertragenen Wärmestrom, wie er mit obiger Formel beschrieben wird, kommt noch ein geringer Anteil von Wärmestrahlung.

Um größere Leistungen zu übertragen, werden höchste Ansprüche an das Wärmetauschermaterial gestellt. Ein großer Wärmestrom wird häufig durch Erhitzerröhren aus legierten Stählen (z.B. X 12 55 CrCoNi 2120) realisiert, wobei auch darauf geachtet werden muß, die Toträume so klein wie möglich zu halten.

Die Brenner und Wärmetauscher machen derzeit ca. 50% der Gesamtkosten moderner Stirlingmotoren aus. Eine Senkung der Kosten und Erhöhung der Arbeitsgastemperaturen wird von Keramikmaterialien erwartet.

Eine weitere Möglichkeit der Wärmeübertragung in den Expansionsraum bietet das Wärmerohr. Ein Wärmerohr nutzt im allgemeinen die Verdampfungswärme einer Flüssigkeit; dabei wird an einem Ende des Rohres (wo die Wärme zugeführt wird) ein Stoff (häufig Natrium) bei 650 - 1250°C verdampft, der am anderen Ende die Wärme durch Kondensation wieder freisetzt.

Der Regenerator

Beim Regenerator sind die Funktionen Heizen und Kühlen *zeitlich* getrennt. Er besteht aus einem porösen oder faserigen Material, das in der Lage ist, ohne große Strömungsverluste schnell und viel Wärme zu speichern und genauso schnell wieder abzugeben. Ohne Regenerator müßte der Erhitzer die vier- bis fünffache Wärmelast zusätzlich zu- und der Kühler dieselbe wieder abführen. Die möglichen Regeneratorwirkungsgrade liegen zwischen 90 - 99%.

Der Kühler

Für ihn gelten im Prinzip die gleichen Strömungs- und Wärmeübergangsbedingungen wie beim Erhitzer, nur bei einer bedeutend niedrigeren Temperatur. Es kann daher im Vergleich zum Erhitzer auf weniger hochwertige Materialien zurückgegriffen werden.

Beim Stirlingmotor wird im Vergleich zum Dieselmotor, der viel Wärme über den Abgasstrom abgibt, etwa die doppelte Wärmemenge im Kühler abgeführt. Daher haben auch die Kühleinrichtungen relativ große Abmessungen und das Abführen der Wärme aus dem Arbeitsgas bereitet oft Probleme, vor allem weil gleichzeitig Toträume vermieden werden müssen.

2.4 Arbeitsmedium

Im Stirlingmotor werden zumeist Luft, Helium oder Wasserstoff als gasförmige und Wasser oder Wassergemische als flüssige Arbeitsmedien eingesetzt.

Auswahlkriterien sind:
- Kosten, Verfügbarkeit und Wirtschaftlichkeit,
- Sicherheit während und außerhalb des Betriebes,
- Anwendungsgebiet und Leistungsdichte des Motors.

Gewünscht sind:
- eine hohe spezifische Wärmekapazität,
- niedrige Dichte und Viskosität zur Verminderung der Strömungsverluste und
- eine hohe Wärmeleit- und Wärmeübertragungsfähigkeit, um viel Wärme umzusetzen.

Luft

Luft ist das billigste Gas und wird heutzutage nur noch bei Motoren mit relativ kleinen Leistungen und Drehzahlen verwendet. Diese Motoren können sehr einfach mit geringem Kosten- und Materialaufwand gebaut und gewartet werden.

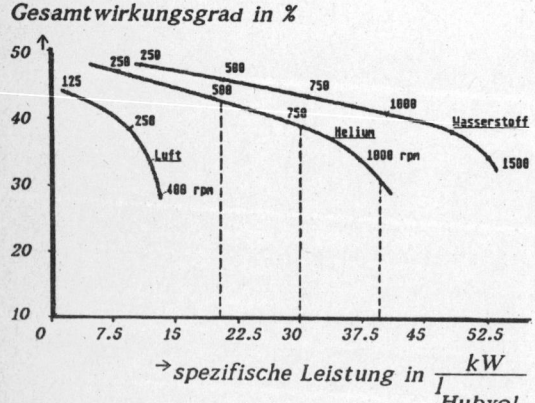

Abb. 60:
Gegenüberstellung der erreichbaren Wirkungsgrade mit verschiedenen Arbeitsmedien. Diese Versuchsergebnisse von Philips wurden an einem Motor mit Rhombengetriebe mit folgenden Daten ermittelt:

- T_o = 700°C,
- T_u = 25°C (Wassertemp.),
- 85% Brennerwirkungsgrad
- Leistung P = 165 kW,
- Ladedruck p = 110 bar.

Wasserstoff

Wasserstoff ist das Gas, das die oben genannten Forderungen am besten erfüllt und wird daher hauptsächlich in Motoren hoher Leistungsdichte eingesetzt. Wasserstoff hat aber die Nachteile, daß er leicht entflammbar ist, zu Materialversprödung führt (besonders bei hohen Temperaturen) und außerdem durch viele Materialien diffundiert. Dadurch wird die Konstruktion dieser Motoren aufwendiger.

Helium

Helium wird als Kompromiß zwischen den Vorzügen von Wasserstoff und der Sicherheit von Luft angewendet, ist aber sehr teuer und nicht unbegrenzt verfügbar.

Zusammengesetzte Arbeitsmedien

Es laufen derzeit Versuche, verschiedene Stoffe zu Arbeitsmedien zu kombinieren, die in verschiedenen Aggregatszuständen vorliegen (hierbei wird im Regenerator kondensiert bzw. verdampft).

2.5 Materialien

Ein wirtschaftlicher Erfolg ist beim Stirlingmotor nur dann zu erreichen, wenn das Material- ebenso wie das Dichtungsproblem gelöst wird. Sehr viele Motorkonstruktionen scheiterten am verwendeten Material, vor allem im vorigen Jahrhundert. Die sehr hohen Ansprüche an die Werkstoffe lassen sich erst heute durch den Einsatz von hochwertigen Legierungen und vor allem von Keramiken befriedigen. Die Verwendung dieser Materialien ist größtenteils aber noch in der Entwicklung.

Die kritischen Bauteile sind die Wärmetauscher und die Dichtungen, wobei an die Materialien für Erhitzer und Kolbendichtungen die höchsten Anforderungen gestellt werden.

Anforderungen an den Erhitzer:

- Hohe Wärmeleitfähigkeit und hoher Wärmeübergangskoeffizient, um einen kleinen Totraum zu erhalten.

- Hohe Temperaturbeständigkeit, um eine höhere Temperaturdifferenz und damit einen besseren Wirkungsgrad für den Kreisprozeß ebenso wie für die Verbrennung zu erreichen.

- Verträglichkeit mit dem Arbeitsmedium und den Verbrennungsgasen.

- Druckbeständigkeit.

Anforderungen an die Kolbendichtungen:

- Trockenlauf mit geringem Abrieb und niedrigen Reibungsverlusten,

- geringe axiale Wärmeleitfähigkeit, um zwischen dem heißen und kalten Raum möglichst wenig Wärme ungenutzt zu verlieren,

- große radiale Wärmeleitfähigkeit, um auf der kalten Seite mit weniger Wärmetauscherfläche (Totraum) auszukommen.

Für den Einsatz von Keramik bei Stirlingmotoren ist noch ein hohes Entwicklungspotential zu bewältigen, andererseits sind aber auch sehr überzeugende Ergebnisse zu erwarten.

2.6 Temperatur- und Leistungsregelung

Der Wärmeübergang vom Verbrennungs- zum Arbeitsgas im Erhitzer ist ein relativ träger Vorgang, der für schnelle Leistungsänderung ungeeignet ist. Zudem wird eine konstante Erhitzertemperatur angestrebt, um auch bei Teillasten einen hohen Motorwirkungsgrad zu erreichen. Die Leistung wird am besten mit Hilfe der Mitteldruck- oder der Totraumänderung gesteuert.

Temperaturregelung

Die Temperaturkontrollsysteme der regelbaren Stirlingmaschinen sind grundsätzlich ähnlich und fast bei allen Bauformen vorhanden, um trotz der unterschiedlichen Wärmeübergangsmenge die Temperatur im Erhitzer auf dem gleichen Niveau zu halten. Hierzu wird der Luft- und Brennstoffstrom reguliert. Dabei befindet sich ein Temperaturfühler im Erhitzer, in dessen Abhängigkeit ein Kontroll- und Regelsystem die zugeführte Brenngemischmenge bestimmt.

Leistungsregelung durch Mitteldruckänderung

Die Leistungsabgabe ist direkt proportional zum mittleren Druck des Arbeitsgases. Für die Leistungsregelung sind eine pneumatische Regeleinrichtung, Ventile, ein Vorratsbehälter bzw. Speicher und meistens auch ein Kompressor notwendig. Damit kann vom Leerlauf innerhalb ca. 20 - 30 Sekunden auf Volllast gefahren werden (Bei einer Kurzschlußschaltung, die meist eingebaut ist, werden sogar 0,3 s erreicht.) Der Nachteil dieser Regelung ist der relativ zu anderen Einrichtungen große Aufwand.

Leistungsregelung durch Totraumänderung

Durch Variation der Totraumgröße kann die Druckamplitude verändert werden (bei gleichem Mitteldruck). Ausgeführt wurden bisher nur stufenweise Leistungsänderungen durch Zuschalten von weiteren Räumen. Es wäre aber auch eine stufenlose Totraumveränderung denkbar. Die Nachteile dieser Regelung sind die schweren Motorausführungen.

Leistungsregelung durch Änderung des Phasenwinkels

Durch spezielle Getriebe kann der Phasenwinkel zwischen dem Verdränger- und dem Arbeitskolben stufenlos und schnell von 0 bis 360° verschoben werden. Wird der Winkel größer als 180°, so ändert der Kreisprozeß seine Drehrichtung und der Motor wird zur Wärmepumpe, wobei der Wärmefluß vom Kühlwasser in Richtung des Erhitzers fließt. Diese Art der Leistungsregelung kann nicht für doppeltwirkende Motoren verwendet werden.

Leistungsregelung durch Änderung des Kolbenhubs

Durch das Verkleinern des Kolbenhubes wird auch das Hubvolumen verkleinert, der relative Totraum vergrößert und damit die Amplitudenhöhe des Druckes ($\approx$ Leistung) verringert. Diese Regelart wird von Freikolbenmotoren und Motoren mit regelbarer Schiefscheibe erfolgreich verwendet.

3. Einsatz der Stirlingmaschine

(Stand der Technik von 1990)

Die Stirlingmotoren finden aufgrund ihrer Vorzüge bereits heute in vielen Bereichen Anwendung. Im Prinzip könnten die meisten Verbrennungsmotoren unter 300 kW pro Zylinder durch Stirlingmaschinen ersetzt werden. Doch hier spielen wirtschaftliche, anwendungsspezifische und emotionale Überlegungen eine große Rolle.

Die Schwerpunkte der Entwicklungsarbeiten liegen derzeit in den USA und Japan. Die Arbeiten werden von zahlreichen kleinen privaten Firmen, öffentlichen Forschungseinrichtungen, dem Militär und Großkonzernen getragen. Tabelle 6 gibt einen Überblick über den derzeitigen Entwicklungsstand und die Anwendungsbereiche.

Entwicklungsstand

Anwendungsbereiche		Studien	theoretische Forschungsarbeiten	praktische Forschungsarbeiten	Prototypen, Pilotprojekte	Vorserienmodelle	Serienmodelle
Pkw-, Lkw-Antrieb				X			
Schiffsantriebe, Unterseefahrzeuge	bis 250 kW			X			
	über 250 kW			X			
Lokomotiven						X	
Raumfahrt	bis 5 kW			X			
	über 5 kW					X	
Bergbau				X			
Generatorantrieb	bis 15 kW		X				
	über 15 kW			X			
Vuilleumiermaschinen			X				
Einfachmotoren für Entwicklungsländer		X					
künstliches Herz					X		
Kältemaschinen		X					
Modell- und Lehrmotoren	bis 100 W	X					

Tabelle 6: Anwendungsbereiche und Entwicklungsstand der Stirlingmotoren.

3.1 Wärmepumpen und Kaltwassersätze

Legt man den einfachen Stirlingprozeß zugrunde, so dient dieser im Rechtslauf als Heißgasmotor und im Linkslauf - von außen angetrieben - als »Wärmemengentransportmaschine«. Abb. 61 zeigt vier Betriebsweisen und die zugehörigen p-V-Diagramme der Kreisprozesse.

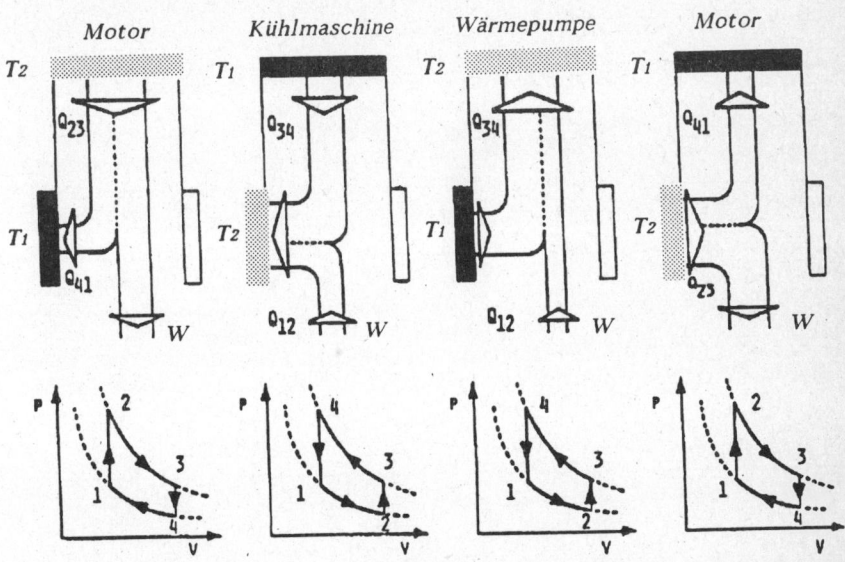

Abb. 61: Zusammenstellung der Einsatzmöglichkeiten der Stirlingmaschine

3.1.1 Kältemaschinen nach dem Stirlingprozeß

Werden die verschiedenen Kälteerzeugungssysteme miteinander verglichen, so erkennt man, daß sich Stirling-Kälteerzeuger bisher erst bei Temperaturen unter ca. 170 K ($\approx$ -100°C) sinnvoll einsetzen lassen. Oberhalb dieser Temperatur weisen die Verdampfungskälteanlagen die besseren relativen Wirkungsgrade auf.

Neuere Untersuchungen zeigen allerdings, daß auch mit Stirlingmaschinen bei Temperaturen von knapp unter 0°C sehr gute Wirkungsgrade erzielbar sind. Angesichts der Umweltschäden durch die FCKW's in herkömmlicher Kältemaschinen könnte sich der Stirlingmaschine dadurch ein neues großes Anwendungsgebiet eröffnen (vgl. Kap. 5.3: Erwartungen und Kap. 6.5: Anhang).
Die Kälteerzeuger, die bei sehr tiefen Temperaturen (T < 100 K) arbeiten, werden oft auch als Cryogenerator oder Cryocooler bezeichnet. Bereits um 1874 wurde eine derartige Maschine beschrieben, die zehn Jahre arbeitete.

Doch zur Bedeutung gelangte diese Art der Kälteerzeugung erst, als Philips das Stirlingkonzept in diesem Jahrhundert wieder aufgriff. 1953 wurde die erste Philips-Stirlingkältemaschine zur Luftverflüssigung vorgestellt.

Inzwischen hat Philips über 3.000 Kälteerzeuger nach dem Stirling-Prinzip in unterschiedlichen Baugrößen verkauft. Diese Anlagen werden in der Industrie, Forschung und Medizin eingesetzt, um Gase zu verflüssigen oder um supraleitende Magneten zu kühlen. Kleinere Anlagen mit einer Kälteleistung von 60 W erreichen Temperaturen bis zu 15 K.

In den USA werden von Firmen wie Texas Instruments (TI), Sunpower oder CTI-Cryogenics kleinere Kälteerzeuger nach dem Stirlingprinzip hergestellt, die z.B. in Nachrichtensatelliten zur Kühlung von Verstärkern oder von Infrarotstrahlungsempfängern eingesetzt werden.

Im folgenden sollen einige Modelle genannt werden:

- Die CM-2 von CTI ist eine γ-Bauart und hat eine Leistung von 1 W bei 80 K und erreicht Temperaturen von 20 K. Dieses Modell wird im System XM-1 für die Erzeugung von Infrarotbildern im Panzer M-60 benutzt. CTI schätzt, daß für die US-Army mehr als 20.000 Maschinen dieser Art hergestellt werden.

- Die CM-4 und CM-5 von CTI sind Hybridmaschinen mit 60 und 30 W Eingangsleistung; sie wiegen 2 bzw. 1,1 kg, benötigen weniger als 10 min. zur Erreichung von 80 K und müssen lediglich alle 500 h überholt werden. Die Kälteleistungen bei 80 K und 25°C Umgebungstemperatur betragen 1 bzw. 0,25 W.

- In Israel arbeiten das Weizmann Institute of Science, die Bar-Ilan Uni und die Ricor Ltd. ebenfalls an kleinen Stirling-Kälteerzeugern. Bei Ricor sind seit 1982 einige hundert Kälteerzeuger als Hybridmaschinen mit einer Kälteleistung von 0,25 W gebaut worden.

- Die Sunpower Inc. hat Duplex-Freikolbenmaschinen, die als Kälteerzeuger arbeiten, im Programm. 1989 entwickelte Sunpower einen Hochleistungs-Cryocooler, der bei einer maximalen Eingangsleistung von 20 kW eine Kälteleistung von 1,5 kW bei 77 K erreicht. Die Lebensdauer liegt bei 100.000 h. Das Gewicht beträgt 350 kg, die Höhe 868 mm und der Durchmesser 660 mm.

3.1.2 Stirlingmotor treibt Wärmepumpe an

Die Wärmepumpen werden dabei gewöhnlich mit dem Rankineprozeß verwirklicht, wobei diese aus einem Verdichter, einem Kondensator, einer Drossel und einem Verdampfer bestehen, in dessen Kreislauf sich als Kältemittel meist eines der umstrittenen FCKW's befindet.

Firma	Leistung in kW	Merkmale
General Electric Co.	$3_{Verdichter}$ bei 60 bar	Freikolbenmotor
MTI	10_{Heiz}	Freikolbenmotor, Amortisa-tionszeit 3 Jahre
Philips	3_{mech}	γ-Bauart, Heizzahl = 1,5
Philips	$5{,}25_{mech}$	β-Bauart
Mitsubishi, Toshiba	3_{mech}	
Asin Seiki, Sanyo	30_{mech}	NS 30 A, Taumelscheiben-triebwerk, Heizzahl = 1,63
SPS	15_{mech}	V160, α-Bauart

Tabelle 7: Stirlingmotoren, die für den Antrieb von Wärmepumpen konzipiert wurden

3.1.3 Fremdmotor treibt Stirlingwärmepumpe an

Viele Stirlingkältemaschinen arbeiten nach diesem Prinzip. Aber außer Studien ist mir für den praktischen Einsatz als *Wärmepumpe* keine derartige Ausführung bekannt. Der Grund dafür ist, daß der Rankine-Verdampfungsprozeß im Temperaturbereich der Wärmepumpe die höheren Leistungsdichten erreicht. Der Vorteil einer Stirlingmaschiene ist, daß auf chemische Kältemittel völlig verzichtet werden kann.

3.1.4 Stirlingmotor treibt Stirlingwärmepumpe an

Unter dieses Kapitel fällt z.B. die bereits erwähnte Duplex-Stirling-Wärme-pumpe. Ansonsten sind mir lediglich Studien bekannt, die diese Konfiguration

Typ	Gasmotor mit Rankine-Wärmepumpe	Stirlingmotor mit Stirling-Wärmepumpe	Elektromotor mit Rankine-Wärmepumpe	Stirlingmotor mit Stirling-Wärmepumpe
Leistungsbereich	100 - 1000 kW		10 - 40 kW	
Bauweise	Verbindung mit der Welle			Freikolben
Bauaufwand	Bezug	größer	Bezug	kleiner
Wartung	Bezug	kleiner	Bezug	kleiner
Umweltbelastung	Bezug	kleiner	Bezug	kleiner
Heizzahl	1,83	1,53	0,98	1,52

Tabelle 8: Systemvergleich von Stirling-Wärmepumpe und Rankine-Wärmepumpe

mit den Daten einer durch Gas- bzw. Elektromotoren angetriebenen Rankine-Wärmepumpe vergleichen. Tabelle 8 zeigt einige Aspekte aus einem MAN-Forschungsbericht.

3.1.5 Wärmemaschine nach dem Vuilleumier-Prinzip

Das Prinzip wurde bereits in Kapitel 1.4 beschrieben. Im folgenden werden die technischen Daten einiger Vuilleumier-Maschinen angegeben.

■ Bomin Solar in Lörrach entwickelte zusammen mit Sunpower eine 10 kW Duplexmaschine mit einer Heizzahl von 1,5 bei einer Außentemperatur von 0°C und einer Heiztemperatur von 50°C, wobei der Wartungszyklus ca. 10.000 h betragen soll.

■ In seiner Promotionsarbeit konzipierte N. Richter am Lehrstuhl von Prof. S. Schulz in Dortmund eine 90°V-Zylinder-Vuilleumiermaschine, die mit 100 bar Systemdruck und einer Heizleistung von 4,5 kW die gepumpte Wärme von 0°C auf 50°C anheben soll. Er kommt bei seinen Berechnungen auf ein Wärmeverhältnis von 1,87 und ein sehr günstiges Teillastverhalten.

■ In seiner Diplomarbeit beschreibt A. Müller die experimentelle und theoretische Untersuchung der Vuilleumier-Wärmepumpe/Kältemaschine von F.X. Eder an der TU München. Es handelt sich hierbei um eine 90°-V-Bauanordnung mit einer Heliumaufladung von 40 bar. Bei der ausgeführten Maschine wurde ein Wärmeverhältnis von ca. 1,5 gemessen. Für die optimierte Maschine wurde bei einer Drehzahl von 192 U/min ein Wärmeverhältnis von 1,92 errechnet. Zur Klimatisierung läßt sich diese Maschine unverändert mit einer Kühlleistungsziffer von 1,25 bei einem Temperaturhub von 30 K einsetzen.

■ Parallele Entwicklungen laufen an der TU of Denmark unter H. Carlsen, der mit seinem Team eine ähnliche Maschine auslegte und baute.

■ Eine kleine 90°-V-Zylinder-Vuilleumier-Kältemaschine für die Anwendung in Satelliten und Raumschiffen wurde in Japan bis 1988 von Electrotechnical Lab. und Mitsubishi Elektric Co. konstruiert, gebaut und erfolgreich getestet. Die Kälteleistung beträgt 1,8 W und die Erhitzerleistung 130 W bei 80 K. Die heliumaufgeladene Maschine hat einen Mitteldruck von ca. 30 bar, eine Drehzahl von 540 U/min, einen Schalldruckpegel (in 1 m Entfernung) von 55 dB(A) und wiegt 6 kg.

3.2 Der Stirlingmotor (Heißgasmotor)

3.2.1 Stirlingmotor als Fahrzeugantrieb

Um einen Überblick über die Erfolge auf diesem Gebiet geben zu können, ist es notwendig, die wichtigsten Bemühungen aufzulisten.

Zeit	Hersteller	Leistung kW	Fahrzeug	Sonstiges
1964	GM	22	Corvair-Pkw	Wärmeenergie aus TES
1968	GM	10	Opel Kadett	Hybridantrieb mit E-Motor
1971	GM + Philips	200	DAF-Bus	4-235
1972	Ford	62-126	Ford Torino	bis 1978 wurden mehrere getestet
1972	Ford + USAB	30-40	Ford Pinto	bis 1974 getestet
1972	Ford + USAB	30-40	Ford Taunus	bis 1974 getestet
1977	MTI Ltd.	34	Opel Rekord 21	
1982	MTI + AMG	40	AMG-Spirit	bis 1985 getestet
1982	MTI + AMG	40	AMG-Concorde	bis 1985 getestet
1985	MTI	62,3	ChevroletCelebrity	siehe unten
?	USAB	70	Lkw	Schallemission = 76 dB(A)
?	Aisin Seiki	50	Corola-Pkw	bereits einige ausgerüstet
1988	Toyota	45		Testfahrzeug in Tokio

Tabelle 9: Versuche mit Stirlingmotoren in Autos

1982 untersuchte eine Studie der NASA den Benzinverbrauch und die Spriteinsparung, die mit einem 39 kW Freikolben-Stirlingmotor (Wirkungsgrad = 43%) mit hydraulischem Abtrieb und einem pneumatischen Akku möglich sind. Das 1.633 kg schwere Auto beschleunigte von 0 auf 100 km/h in 16 s und verbrauchte im Schnitt 4,6 l Benzin auf 100 km (Autobahn 4,1 l; Stadt 5,0 l).

Im folgenden sind die Testergebnisse des MOD II-Motors aufgeführt, die stellvertretend für den Stand der Technik der Stirlingmotoren im Pkw-Antrieb gesehen werden können.

Testfahrzeug 1985: 4-türiger Chevrolet Celebrity mit Stufenheck

Antrieb: Mod II-Stirlingmotor, 62,3 kW Leistung bei 4.000 U/min; 212,2 Nm Drehmoment bei 1.000 U/min

Gesamtgewicht: 1.740,6 kg;   Testgewicht: 1433,1 kg
Verbrauch (in l/100 km): 7,1 (Stadt); 4,05 (bei 90 km/h); 5,7 (kombiniert)
Beschleunigung von 0 auf 100 km/h: 12,5 s
Wirkungsgrad im optimalen Bereich: 38,5% bei 1.200 U/min (26,7 kW)
Wirkungsgrad bei Vollast: 28,2% bei 4.000 U/min (62,3 kW)

Im allgemeinen kann gesagt werden, daß ein Stirlingmotor als Kfz-Antrieb rund 10 - 30% Kraftstoffersparnis gegenüber vergleichbaren Vergasermotoren bringt, wobei sich die Anschaffungskosten eines Pkw's um rund 10 - 20% erhöhen würden. Die Lärm- und Schadstoffemissionen sind bei diesen Motoren so gering, daß keine zusätzlichen emissionsreduzierenden Maßnahmen erforderlich werden.

3.2.2 Schiffe

Obwohl über Tests von Stirlingantrieben in Schiffen nicht sehr viel bekannt wurde, wird dieser Einsatzbereich eher erschlossen werden können als der Automobilbereich. Zum einen sind hier nicht so hohe Drehzahlen erforderlich und daher hohe Wirkungsgrade verbunden mit einer höheren Lebensdauer erreichbar. Zum anderen kann das Seewasser als konstante Kühlquelle mit niedriger Temperatur benutzt werden, was zu einer weiteren Wirkungsgraderhöhung führt. Leider sind nur sehr wenig Testdaten bekannt.

Überseeboote

Philips hatte einige Motorboote mit Stirlingantrieben ausgerüstet. Auch GM sah während der Lizenznahme von Philips einige Motoren für diesen Bereich vor. Es handelte sich dabei sowohl um Außenbordmotoren mit geringer Leistung, als auch um Motoren mit TES-Systemen und Metallverbrennung mit Leistungen bis zu 110 kW. MAN beschäftigt sich im Auftrag des Verteidigungsministeriums erfolgreich mit Stirlingmotoren für den Schiffseinsatz mit Leistungen von 200 - 600 kW.

Unterseeboote

Bei U-Booten kommen noch die Vorteile des leisen, vibrationsarmen Laufes und der Kompatibilität mit den bestehenden Systemen zum Tragen. Im nichtnuklearen Antriebssystem hat der Stirlingmotor einen Vorsprung vor seinem Hauptkonkurrenten, dem Elektroantrieb (Gewicht, oberflächenunabhängige Betriebsdauer). Die Kosten für einen Stirlingmotor betragen, relativ zu den Gesamtkosten des Bootes, lediglich 1%.
GM machte Studien über einen 375 kW leistenden Motor für Torpedos.

Seit 1970 arbeitet USAB an U-Boot-Antrieben mit Stirlingmotoren. USAB entwickelte gemeinsam mit Sub Power AB für die Royal Swedish Navy und für die französische Firma Comex aus Marseilles ein Antriebssystem für ein 500 t Boot (SAGA I), das eine Einsatzzeit von 2 Wochen in 300 m Tiefe erlaubt. Das Hybridsystem besteht aus zwei V 4-275 R-Stirlingmotoren, zwei Generatorsets mit je 100 kW_{el} und einem Batteriesystem.

Technische Daten:
28 m lang; 7,4 m breit; 545 t Wasserverdrängung; 600 m Arbeitstiefe; 7 Leute Besatzung; 2 Stirlingmotoren V 4-275 R mit je 75 kW (Arbeitsgas Helium) bzw. 100 kW (Arbeitsgas H_2) Leistung bei 2.200 U/min; 2 Generatorsets mit jeweils maximal 100 kW_{el} und 200 kW_{therm}; 600 kg Gewicht; Zeit von Standgas auf volle Leistung: 10 s. Dieses System wurde ab Juni 1985 erfolgreich getestet.

Neben diesen größeren Projekten wurden auch zwei kleinere Motoren von USAB, der V 160 mit 4 - 7 kW_{el}, und der 4-95 mit 35 kW_{el} für Unterwasseranwendungen angepaßt.

3.2.3 Pumpen und Verdichter

Prinzipiell können natürlich alle Stirlingmotoren mit mechanischem Abtrieb zum Antrieb von Pumpen und Verdichtern verwendet werden. In diesem Kapitel soll es jedoch nur um solche Stirlingmotoren gehen, die speziell für den Antrieb von Pumpen entwickelt wurden.
Die bereits erwähnte Freizylinder-Stirling-Wasserpumpe wird von Sunpower angeboten. Sie ist wartungsfrei und kann mit allen Brennstoffen wie auch mit Solarenergie betrieben werden. Die 7,74 kg schwere Stirling-Pumpe liefert 200 W Leistung, das heißt, sie pumpt 20 l Wasser in einer Sekunde einen Meter hoch. Die maximale Förderhöhe beträgt 5 m.
Seit 1964 sind in den USA Forschungsarbeiten zur Entwicklung von künstlichen Herzen im Gange, wovon sich zwei Projekte mit den von Stirlingmotoren angetriebenen Blutpumpen befassen. Das Herzunterstützungssystem von Nimbus (früher Aerojet Liquid Rocket Comp.) wurde bereits in Tiere implantiert und getestet. Hierbei wirkt der Arbeitskolben eines kleinen Freikolbenmotors als Pumpe für eine Hydraulikflüssigkeit, die von 1 bar auf ca. 14 bar verdichtet wird. Diese Flüssigkeit treibt wiederum die Blutpumpe an.
Zum Antrieb des Stirlingmotors von JCGS (Joint Center of Graduate Study der Uni of Washington) wird ein thermischer Energiespeicher aus LiF/NaF/ MgF_2-Salz benutzt, der elektrisch erhitzt wird. Die Speicherkapazität reicht für acht Stunden aus. Die Aufladezeit dauert eine Stunde. Das System erreicht bei einer thermischen Leistung von 21 W einem Wirkungsgrad von 16% und gibt dann 3,3 W Leistung an die Pumpe ab. Gekühlt wird dieses 1,2 kg schwere System durch das Blut.

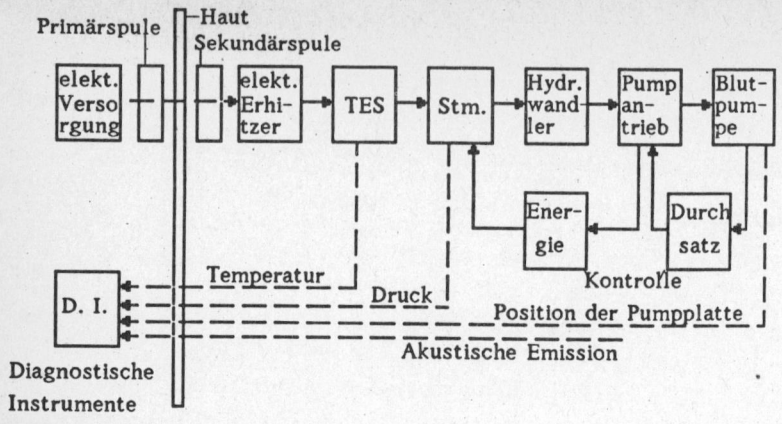

Abb. 62: Blockdiagramm des Herzunterstützungssystems von JCGS

3.2.4 Stromerzeugung

Transportable Anlagen

Auf Grund der Zuverlässigkeit, der Eignung für viele Brennstoffe, der geringen Lärm- und Schadstoffemission sowie der niedrigen Infrarotemission ist vor allem das Militär an diesen Anlagen interessiert.

Das Stromaggregat mit dem V 160 von SPS, das auch für zivile Zwecke erhältlich ist, wird momentan von der US-Army und verschiedenen Forschungseinrichtungen getestet. Dieses System wiegt 550 kg, leistet 5 kW$_{el}$ bei 50 Hz und 6 kW$_{el}$ bei 60 Hz. Der maximale Schalldruckpegel (in 1 m Entfernung) beträgt 65 dB(A).

Speziell für die schwedische Fernmeldeverwaltung wurde der V 160-Mehrzweck-Versorgungsanhänger gebaut. Dieses Gerät erzeugt neben 5 kW$_{el}$ auch noch Warmluft mit einer Leistung von ca. 12 kW bei einer maximalen Lufttemperatur von 75°C und bedient dazu noch eine Tauchpumpe. Einschließlich des Zubehörs (Warmluftaggregat, Anhänger, Tauchpumpe, Beleuchtung, Fernbedienung und Sicherheitsausrüstung) wiegt das auf einem Anhänger installierte Gesamtsystem 700 kg.

Für die US-Army entwickelte MTI Freikolben-Stirlingmotoren mit Permanentmagneten als Generatorsets in den Leistungsklassen 1,5 - 3 - 5 und 10 kW$_{el}$. Die Firma Sunpower entwickelte einen 3 kW$_{el}$ Freikolben-Stirlingmotor mit Lineargenerator für die US-Army, der mit 30 bar Luftaufladung einen Systemwirkungsgrad von 17% aufweist. Das gesamte System wiegt 170 kg und nimmt ein Volumen von 0,37 m³ ein.

Auch STM ist an der Entwicklung transportabler Stirlingmotor-Generatorsets beteiligt. Als Motor wird der STM 4-120 mit 40 kW Leistung und 85 kg Gewicht benutzt. Ein Einsatzbericht liegt noch nicht vor.

Stationäre Anlagen

Alle oben genannten transportablen Anlagen lassen sich auch stationär verwenden. Allerdings kommen bei stationären Anlagen noch konstruktive und fertigungstechnische Vereinfachungen zum Tragen, die zu einfacheren und schwereren, aber billigeren Stirlingmotoren führen.

Verschiedene Studien belegen, daß sich in einem Leistungsbereich unter 400-2000 kW ein Stirlingmotor wirtschaftlicher betreiben läßt, als eine Dampfturbinenanlage.

In einer vom BMFT geförderten Studie von MAN ergab sich für ein 20 kW Freikolbenstirling-BHKW ein Gesamtwirkungsgrad von 81%. Dabei fielen 75% in Form von thermischer (Heizwasser bei 90°C) und 25% in Form von elektrischer Energie an.

USAB baute ab 1981 ein Generatorset mit ihrem P 40-Stirlingmotor für Test- und Demonstrationszwecke. Die Anlage leistet 28 kW_{el}, wiegt 1.000 kg, hat einen Gesamtwirkungsgrad von 28% und nimmt ein Volumen von 1,5 m^3 ein.

4. Marktüberblick

4.1 Hersteller und Produkte

Trotz der oben genannten Anwendungsbeispiele dürften zur Zeit die einzigen in größeren Serien hergestellten Stirlingmotoren Modellmotoren sein. Tabelle 10 nennt einige solcher Modell- und Lehrmotoren, die momentan gekauft werden können.

Hersteller	Motorenart	Einsatz
W.Kufner	Kurbelgetriebener 1-Zyl.	Lehrmodell
Leybold	kinematische Maschine (β)	Lehr- und Meßmodell
Peter Olds	kinematische Maschinen	
E.Schmidt	Balken-Motoren, Zwei- und Einzylinder, Schnittmodelle und historische Motoren	Lehr-und Dekorationsmotoren
Sanden Corp.	Kurbelgetr. 1-Zyl.	Lehrmodell
Solar Engines	kinematische Maschinen	
K. Kramer	kinematische Maschinen	Lehrmodelle

Tabelle 10: Käufliche Lehrmodelle und Modellmotoren von Stirlingmaschinen

Eines der schönsten und zur Demonstration geeignesten Modelle ist das von Walter Kufner. Der Verdränger kann abgekoppelt werden und somit das Prinzip des Motors in Zeitlupe im Glaszylinder sehr anschaulich erklärt werden. Auch können die jeweiligen Druckschwankungen gemessen werden. Zur Beheizung des Zylinders wird ein Spiritusbrenner verwendet.

Tabelle 11 gibt eine Liste einiger Stirlingmotoren, die in kleinen Serien, Vorserien oder Einzelfertigungen vertrieben werden. Die Preise variieren je nach Anwendung und müssen bei den aufgeführten Herstellern nachgefragt werden.

Hersteller	Leistung kW	Bauart, Medium, Sontiges	Verwendung
Kufner	< 0,5	γ, Luft	BHKW
MTI	62,3	α, H_2, Bez: Mod II	Kfz
SPS	15	α, He, Bez: V 160	Generatorsets, Antriebe, Wärmepumpe, Solarsystem
STM	40	α, He, Bez: STM 4-120	BHKW, siehe V 160
Thermosolar	< 1	γ, Luft, verbesserte Kolinm.	Wasserpumpe

Die Kürzel der Hersteller finden Sie am Ende des Kapitels 4.2

Tabelle 11: Käufliche Stirlingmotoren aus Kleinserien und Einzelfertigung

4.2 Forschung

Die folgende Liste beschränkt sich auf *aktuelle* Forschungstätigkeiten und Forschungsergebnisse (seit ca. 1988). Der Stand des Wissens ist aus der angegebenen Literatur zu entnehmen.

Forschungs- einrichtung	Forschungsgegenstand	Stand
Aisin Seiki	- 30 kW Stm. für Wärmepumpenanwendungen	Ziel[*]
	- Brenner mit niedrigem NO_x-Ausstoß	Studie
	- Regeneratorforschung	Studie
→ mit Riken Co.	Dichtungssysteme und Kolbenringe für Stm.	Tests
ASME	Normung von Bezeichnungen b. d. Berechnung	Studie
Bomin Solar	Magnetkopplung, MgH_2-Speicher, Receiver, TES	Test
Brenk	Magnet. Kraftauskopplung am Stm.	Tests
DLR	Entwicklung eines Solarreceivers für V160	Bau
Gesamthochschule Kassel	Berechnungssimulation von Stirlingmotoren	Test
HCR/CDER	Optimale Arbeitstemperaturenb.Receiver-Stm.	Studie
Hunan Uni	- Temp.-u.Spannungsbelastungen im Zylind.kopf	Studie
	- Entwicklung eines 2,5 kW α-Stirlingmotors	Test
	- Berechnungssimulation von Vorgängen im Stm.	Studie
	- Dichtungssystem, Erhitzer und Kühler	Studien
Joanneum	Kraft-Wärme-Kopplung mit Holz	Studie
Ivo Kolin	Flachplatten Stm. und Vuilleumiermasch.	Ziel[*]
Kawasaki	- Hochleistungs-Stirling Kühlmaschine	Test
	- Regeneratorforschung	Tests
Lewis Research Center	- Stm.-Freikolbentechnologie in Raumflugkörpern	Tests
	- Anwendungen in Kfz's (z. B. Mod II)	Tests
Matsushita Electric Industries Co	Durch Freikolben-Stirlingmaschine angetriebener Kompressor	Tests
MITI	- Optimierung von Kolbenringen für Stirlingmotoren	Studie
	- Thermische Regeneratorleistung	Tests
Mitsubishi E. Co., CRL.	Stirlingmaschinen mit über 3 kW in Wärmepumpensystemen	Studie
→ mit Elect. Lab.	kleine Vuilleumier-Kühlmaschine	Test
National Aerosp.	NO_x-Reduktion bei Brennern	Ziel[*]
New Energy Dev.Org	Stirlingmotoren allgemein	Tests
Nihon Uni	Stirlingmotor mit innerer Verbrennung	Tests
→ mit Katayose u. Sanden	Entwicklung eines Stirlingmotors mit Industrie- brenner	Tests

Forschungs- einrichtung	Forschungsgegenstand	Stand
→ mitTohoku Uni u. E.P.	Entwicklung eines solaren Stirling-Receiversystems	Studie, Test
→ mit Ship Res. Inst.	Optimierung von Regeneratoren	Studie
Nipon Piston Ring	Entwicklung von Kolbenringen für Stirlingmotoren	Tests
Oak Ridge National Lab.	Stirlingmotoren und Anwendungen allgemein	Studie Test
Osaka El. Uni, AC.	Berechnung über Dynamik eines β-Stirlingmotors	Studie
Royal Naval Eng. Coll.	Unterwasseranwendungen von Stirlingmotoren	Studien
Sanden Co., und Nihon Uni.	Entwicklung und Anwendung eines 2.5-kW-Stirling- motors (5-Zylinder, doppeltwirkend)	Test
Sanyo Electric Co.	Entwicklung eines ca. 30-kW-Stirlingmotors	Ziel*
Shandong Polyt. Uni	Diesel-Stirling Hybridsysteme	Studie
Shanghai M.D.E.R. Institut	- Entwicklung von 7,5-kW-Stirlingmotoren - Wärmerohrentwicklung	Test Test
Shanghai J. Uni	Wandwärmestrahlung im Stirlingmotoren	Studie
Ship Res. Inst.	Entwicklung eines 2-kW-γ-Stirlingmotors	Test
Socie'te' Eca	Entwicklung eines 12-kW-Stirlingmotors	Studien
Stir. Tech. Comp.	Freikolben Hydraulik Stm. mit Solarreceiver	Studie
STM	Stirlingmotoren und Anwendungen	Ziel*
Sunpower	Stirlingmaschinen allgemein	St.,Test
Toshiba Co., C.P.E.L.	3-kW-Stirlingmotor zum Antrieb einer Wärmepumpe	Test
TU München	Vuilleumiermaschine	Ziel*
TU of Szczencin	Berechnungsoptimierung eines γ-Stirlingmotors	Studie
TU-Gdansk, C.N. aus Rom	numerische Berechnung der Winkel- geschwindigkeiten im Rhombengetriebe	Studie
Uni of Calgary	Computerunterstützte Stirlingmotor-Konstruktion	Ziel*
Uni Hanover	Erhitzerauslegung (Strömung) für Fix-Focus- Paraboloide	Studie
Uni of Lund	hermetisch gedichteter 4-kW-β-Stirlingm., Keramik	Test
Uni of Reading	Wärmeübertragung am Zylinderkopf	Tests
Uni of Tokyo	Mikro-Stirlingmaschinen	Studie
Uni of Wisconsin	Druckpuffereffekte im Stirlingmotor	Studie
Wuhan Uni	Bestimmung der Gastemperatur	Studien
Zagreb Uni	Vergleich versch. Prozesse mit dem Grenzprozeß	Studie
Zhejiang Uni	Stirlingmotoren u. dessen Befeuerung auf dem Land	Studie

Ziel* → Ziel bereits erreicht

Kürzel der Hersteller und Forschungseinrichtungen:

Air Cond. Lab.; Matsushita El. Ind. Co., (Panasonic); Kusatsu; Japan
Aisin Seiki Co., Ltd.; Aichi; Japan
ASME Stirling Engines Technical Comittee; (J. Corey); Melrose; NY.; USA
Bomin Solar, (Tim Lohrmann), Lörrach, BRD
Brenk Systemplanung; Aachen; BRD
Dipartmento Meccanica Aeronautica; (Maurizio Carlini); Roma; Italy
DLR; Stuttgart; BRD
Electrotechnical Laboratory; Tsukuba; Ibaragi; Japan
Gesamthochschule Kassel; (Prof. Krauch); Kassel; BRD
HCR/CDER Route de l'Observatoire BP; (N. Said); Alger; Algeria
Hunan Uni; (X. Yanwei, L.Hong-Shuo, L. Biao); Changsha; Hunan; China
Joanneum; Forschungsgesellschaft; (Michael Novy): Graz; Austria
Katayose Industry Co., Ltd.; (S. Katayose); Itabashi; Tokyo; Japan
Kawasaki Heavy Industries Ltd.; (Y. Nakamura); Kobe; Hyogo; Japan
Ivo Kolin; Uni of Zagreb; Zagreb; Yugoslavia
Klaus Kramer; Berlin; BRD
Walter Kufner; Hergensweiler; BRD
Lewis Research Center (NASA); (Salby, Shaltens); Cleveland; Ohio; USA
Leybold Didaktic; Stuttgart; BRD
Matsushita Electric Industrial Co., Ltd; (K. Inoda); Moriguchi; Osaka; Japan
Mechanical Technology Inc.; Latham; N. Y.; USA (siehe Mr. Nightingale)
Mechanical Enineering Laboratory; (Y. Yamada); Tsukuba; Ibaraki; Japan
MITI: Agency of Industrial Science and Tech.; (A. Tanaka); Ibaraki-ken; Japan
Mitsubishi Electric Co., Central Research Laboratory; Hyogo; Japan
National Aerospace Laboratory; (K. Eguchi); Chofu; Tokyo; Japan
New Energy Development Organization; (Y. Sakai); Tokyo; Japan
Nihon Uni; (N. Isshiki, S. Moiya); Koriyama; Fukushima; Japan
Nipon Piston Ring Co., Ltd.; Yono Saitama; Japan
Oak Ridge National Laboratory; (C. D. West); Oak Ridge; Tennessee; USA
Osaka Electro-Communication Uni.; Osaka; Japan
Peter Olds; Australia
Physikalisch-Technische Bundesanstalt (PTB) Braunschweig; (Prof. Kose); BRD
Riken Co., Ltd.; (S. Ono); Kashiwazaki; Niigata; Japan
Royal Naval Engineering College; (G. T. Reader, C. Barnes); Plymouth; UK
Sanden Corp.; Isesaki; Gunma; Japan
Sanyo Elektric Co., Ltd.; Gunma; Japan
Ellen Schmidt; Oberursel; BRD
Shandong Polytechnic Uni; (L. Yuanrong); Jinan; China
Shanghai Marine Diesel Engine Research Institute; (T. Yiming); China
Shanghai Jiatong Uni.; (J. Wang); Shanghai; China

Shinshu Uni; (H. Tamaki); Wakasato; Nagano; Japan
Ship Research Institute; (S. Tsukahara); Shinkawa; Mitaka; Tokyo; Japan
Socie'te' Eca; (S. G. Carlqvist); Meudon; Cedex; France
Solar Engines; Phönix; Arizona; USA
Stirling Power Systems (SPS); Ann Arbor; Michigan; USA
Stirling Technology Company; (M. A. White); Richland; Washington; USA
Stirling Thermal Motors Inc.(STM); (R. J. Meijer); Ann Arbor; Michigan; USA
Sunpower Inc.; (William Beale); Athens; Ohio; USA
Tohoku Electric Power Co. Inc.; (K. Watanabe); Sendai; Japan
Tohóku Gakuin Uni; (K. Shishido); Tagajo; Japan
Tokyo Institute of Technology; (Prof. Emeritus); Tokyo; Japan
Toshiba Co., Consumer Produkts Engeneering Laboratory; Yokohama; Japan
TU of Gdansk; (M. Cichy); Polen
TU München; (J. Blumenberg); München; BRD
TU of Szczencin; (S. Zmudzki, L. Bartozak); Szczecin; Polen
Uni of Calgary; (G. Walker); Calgary; Alberta; Canada
Uni Hanover; Inst. für Strömungsmaschinen; (Prof. Riesz, Lange); BRD
Uni of Lund; (C. Schroeder, L. A. Clementz); Lund; Sweden
    zusammen mit S. G. Carlqvist; CMC Aktiebolag; Malmö; Sweden
Uni of Reading; (G. Rice); Whiteknights; Reading; UK
Uni of Tokyo; (N. Nakajima); Bunkyo-ku; Tokyo; Japan
Uni of Wisconsin; (J. R. Senft); River Falls; Wisconsin; USA
Universta' degli Studi di Roma; (Vincenzo Naso); Italy
Wuhan Uni of Water Transportation Engineering; (Y. Jun); Wuhan; China
Zhejiang Uni.; (L. Shixian, Y. Zhenfou); Hangzhou; China

5. Zusammenfassung

5.1 Einteilung der Stirlingmaschinen

Bei den Stirlingmaschinen sind überaus viele Konstruktionsvarianten möglich. Die Fülle der Möglichkeiten ist so groß, daß sie die konsequente Weiterentwicklung oft behindert hat. Man suchte nach immer neuen, immer besseren Bauarten und schenkte den Hauptproblemen nicht genügend Beachtung.

Die bisher bekanntgewordenen Vorschläge für eine Klassifizierung der Stirlingmaschinen befriedigen nicht, weil sie nicht umfassend genug sind und oft auch Wiedersprüche aufweisen. Andererseits macht die immer noch wachsende Zahl von Maschinen eine klare Einteilung fast zwingend erforderlich, zum einen, damit der Erfinder weiß, welche Bauart er gewählt hat und ob diese bereits bekannt ist, zum anderen, damit der Patentingenieur den Vorschlag einstufen kann, und damit die Ingenieure untereinander die gleiche Sprache sprechen.

Die vorliegende Klassifizierung der Stirlingmotoren ist nach eingehenden Studien entstanden, bei der alle wichtigen Vorschläge und Erfindungen, soweit sie verfügbar waren, Berücksichtigung fanden. Durch Bestimmung der jeweiligen Merkmale einer gegebenen Bauart kann man nun rasch ihre Einordnung vornehmen und Aussagen über sie machen. Es ist zu erwarten, daß einige der heute noch freien Felder in dem Schema im Laufe der Zeit gefüllt werden. Allerdings werden andere auch immer leer bleiben; es handelt sich dann um Bauarten, die sich nicht verwirklichen lassen.

In dem Ordnungssystem (Tab. 12 bzw. 13) sind die Stirlingmaschinen in vier Grundschemata unterteilt:

a) Maschinenbauart

b) Zylinderraumzuordnung

c) Art des Zusammenwirkens der Kolben

d) Kolbenart, Antriebs- und Getriebespezifikation

Diese Unterscheidungsmerkmale wurden in den Kapiteln 1.4 und 1.5 ausführlich behandelt.

Leider ist es nicht möglich, alle Spielarten der Stirlingmaschinen so darzustellen, daß sie in dieser Einteilung einen eigenen Platz finden. So sind zum Beispiel die Schwingkolben- den Umlaufkolbenmaschinen und die Flüssigkolben- den Freikolbenmaschinen zugeordnet.

Die Einzelheiten und die genaueren Unterschiede der in der Übersicht (Tabelle 12) aufgeführten Maschinen sind in den Datenblättern im Kapitel 6.3 aufgeführt.

102

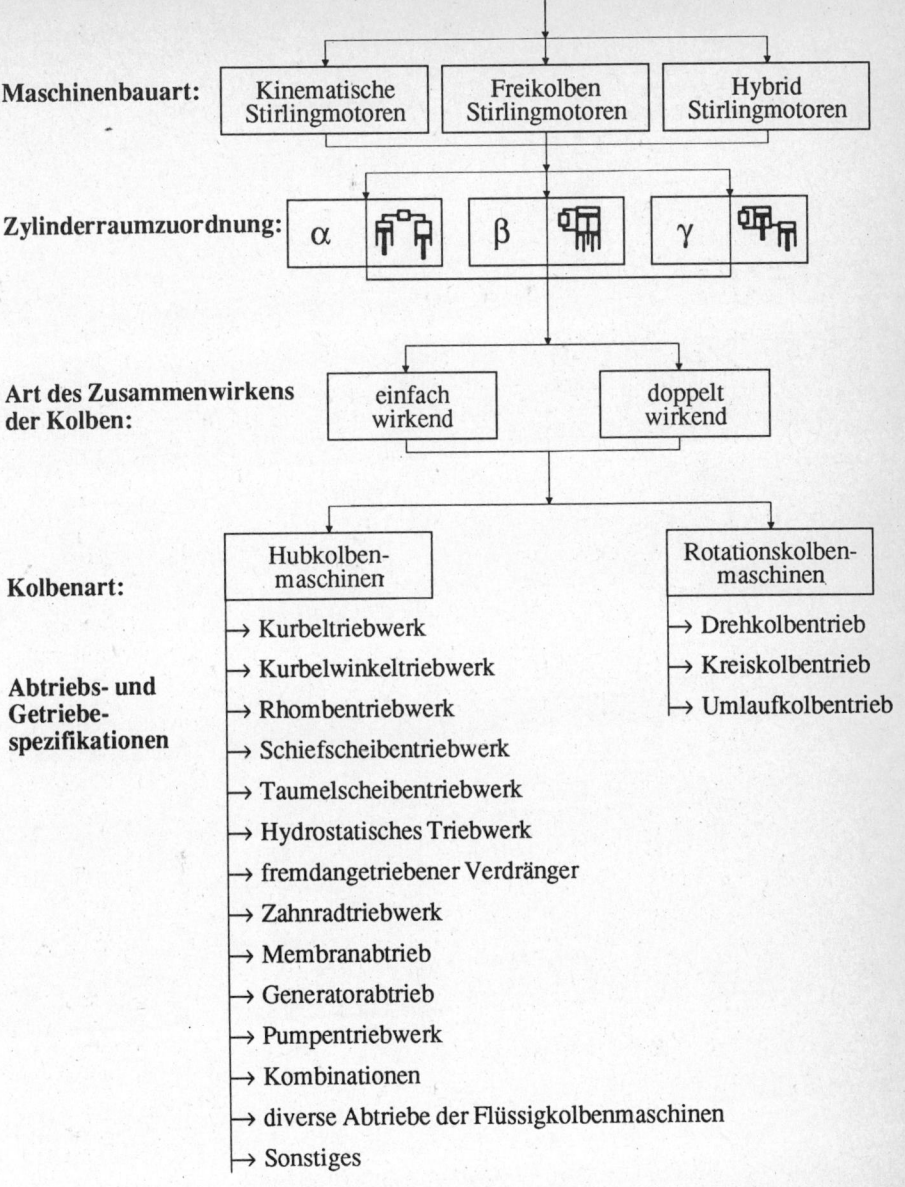

Maschinenbauart: Kinematische Stirlingmotoren | Freikolben Stirlingmotoren | Hybrid Stirlingmotoren

Zylinderraumzuordnung: α | β | γ

Art des Zusammenwirkens der Kolben: einfach wirkend | doppelt wirkend

Kolbenart:

Hubkolbenmaschinen

Rotationskolbenmaschinen

Abtriebs- und Getriebespezifikationen

→ Kurbeltriebwerk
→ Kurbelwinkeltriebwerk
→ Rhombentriebwerk
→ Schiefscheibentriebwerk
→ Taumelscheibentriebwerk
→ Hydrostatisches Triebwerk
→ fremdangetriebener Verdränger
→ Zahnradtriebwerk
→ Membranabtrieb
→ Generatorabtrieb
→ Pumpentriebwerk
→ Kombinationen
→ diverse Abtriebe der Flüssigkolbenmaschinen
→ Sonstiges

→ Drehkolbentrieb
→ Kreiskolbentrieb
→ Umlaufkolbentrieb

Tabelle 12: Die Kriterien zur Klassifizierung der Stirlingmaschinen

Einzelheiten und die genaueren Unterschiede der in Tabelle 12 aufgeführten Maschinen sind aus den Datenblättern in Kapitel 6.3 ersichtlich.

Einteilung der Stirlingmaschinen		Hubkolbenmaschinen				
Kinematische Maschinen	**Getriebe** / Zylinderzuordnung	**Kurbeltriebwerk**	**Kurbel-Winkeltriebwerk**	**Rhombentriebwerk**	**Taumelscheibe**	
	α einfachwirkend	*V 160*	*Ross-Maschinen*			
	α doppeltwirkend	*Mod II P 40*			*Siemens (4-Zyl.)*	
	β einfachwirkend		*St 5, 102 C, Kolin*	*1-96, 4-235*		
	β doppeltwirkend					
	γ einfachwirkend		*Webers Niedertemp.*			
	γ doppeltwirkend					
Freikolbenmaschinen	**Abtrieb** / Zylinderzuordnung	**Membran**	**Generator**	**Kolben**	**Wärmetauscher**	
	α einfachwirkend					
	α doppeltwirkend					
	β einfachwirkend			*Freizylinder (Sunpower)*		
	β doppeltwirkend				*Duplex (Sunpower)*	
	γ einfachwirkend					
	γ doppeltwirkend					
Hybridmaschinen	**Verdrängersteuerung** / Zylinderzuordnung	**Freikolben**	**Membran**	**Elektromotor**	**elektrischer Impulsgeber**	
	α einfachwirkend					
	α doppeltwirkend					
	β einfachwirkend					
	β doppeltwirkend					
	γ einfachwirkend					
	γ doppeltwirkend					

Tabelle 13: Klassifizierung der Bauarten von Stirlingmotoren

Hubkolbenmaschinen					Rotationskolbenmaschinen		
Schief-scheibe	Hydro-statisches Triebwerk	Zahnrad-triebwerk		Sonstige Antriebe	Dreh-kolben	Kreis-kolben	Umlauf-kolben
							Ried
MT 79 STM 4-120						Daimler	
	Ehrig (Boxer)			Zettner	Labus Huber		
Membran + Generator	Membran + Pumpe	Wärme-tauscher + Generator	Flüssig-kolben Balken	Flüssig-kolben Pumpe			
			hard coupled	Jet stream hard coupled			
Harwell TMG			Rocking beam, soft coupled	soft coupled			
mechani-scher Im-pulsgeber	schwingen-de Luft-säule						
	Budlinger						

Tabelle 13: Klassifizierung der Bauarten von Stirlingmotoren

5.2 Ergebnisse

▪ Die sehr große Arten- und Einsatzvielfalt der Stirlingmaschinen wirkt sich negativ auf deren Entwicklung aus. Aufgrund dieser Vielfalt können kaum generelle Aussagen über die Stirlingmaschine gemacht werden.

▪ Die Vorteile vieler Arten sind: Vielstofffähigkeit, äußere und kontinuierliche Verbrennung, Schwingungsarmut, relativ hohe Wirkungsgrade, Wartungsfreundlichkeit, Nutzung von Niedertemperaturwärme, geschlossenes System und Einsatzvielfalt.

▪ Die Nachteile vieler Arten sind: Dichtungsprobleme, zu hohes Gewicht, hohe Arbeitsdrücke, große Wärmetauscher, hohe Anforderungen an das Material und geringer Bekanntheitsgrad.

▪ Die Einteilung der Stirlingmaschinen wurde mit Hilfe einer Tabelle vorgenommen. In diese wurden einige realisierte Motorkonstruktionen eingetragen, wobei die wichtigsten in Kapitel 6.3 detailliert beschrieben werden.

▪ Die Probleme, die bei der Realisierung des Stirlingprozesses auftreten, können inzwischen gelöst werden.

▪ Durch den Einsatz von Keramik bei den Gleitdichtungen und eventuell beim Erhitzer läßt sich der Wirkungsgrad und die Lebensdauer noch um einiges erhöhen.

▪ Beim Einsatz im militärischen Bereich hat die Stirlingmaschine bereits ihren festen Platz.

▪ Das Know how im Stirlingmaschinenbau ist inzwischen so hoch, daß Stirlingmotoren wirtschaftlich eingesetzt werden können.

5.3 Erwartungen

Der Stirlingmotor ist ein Antriebsaggregat, das bei steigendem Bewußtsein für den Umweltschutz in den nächsten zehn Jahren einen großen Marktanteil erobern könnte. Hemmend wirken bis heute die mangelnde Bekanntheit dieser Maschinen, die Unwissenheit vieler Ingenieure und die daraus folgenden negativen Vorurteile aus, die nur durch praxisnahen und erfolgreichen Einsatz von Serienmodellen gegenstandslos werden.

Aufgrund der Kältemittelproblematik sind neue Verfahren, wie z.B. Maschinen, die den linkslaufenden Stirlingkreisprozeß mit Luft (oder einem anderen umweltfreundlichen Medium) realisieren, äußerst gefragt. Um die Dringlichkeit neuer Kühlverfahren zu zeigen, ist in Kapitel 6.5 die Verbotsliste von Kältemitteln aufgeführt. Die FCKW-freie und leise Stirling-Kühlmaschine wird bereits als Serienprodukt angeboten und es steht zu erwarten, daß sich ihr Marktanteil stark vergrößern wird.

Beim Einsatz von Vuilleumiermaschinen in kleineren Blockheizkraftwerken wäre für diesen Motortyp und die BHKW's ein kleiner Boom zu erwarten, wenn sich die Industrie dazu entschließen könnte, einen Schritt in die richtige Richtung zu tun, und diese Maschinen in ausreichender Zahl fertigt.

Ein weiterer, von größeren Stirlingmotoren zu erschließender Markt wäre der Einsatz in Jachten und Booten, wo der ausschlaggebende Vorteil in der Laufruhe dieser Motoren liegt.

Auf jeden Fall gewinnen die Maschinen, die mit dem Stirlingprozeß arbeiten, zunehmend an Bedeutung. Nicht wenige Firmen sind bereits an der Fertigung und dem Vertrieb von Stirlingmaschinen interessiert und warten nur noch auf vernünftige Vorschläge, Angebote und Käufer. Die Tendenz, daß diese Märkte hauptsächlich von Japan und den USA erobert werden, wo bereits kostenintensive Forschungs- und Energiesparprogramme für die Stirlingmaschine erfolgreich abgeschlossen wurden, ist bereits klar erkennbar. Ohne entschiedenes Handeln wird der Anschluß an die internationale Entwicklung in Deutschland, wie schon häufiger, verschlafen.

6. Anhang

6.1 Verwendete Literatur

(Nach dem Erscheinungsjahr geordnet)

[1]   Gregory Flynn, Worth H. Percival, F.Earl Heffner: GMR Stirling Thermal Engine - part of - The Stirling Engine Story - 1960. SAE Annual Meeting, Detroit, MI, USA, ; 11.-15. Jan.1960

[2]   Ing. Joachim Weinhold, Hamburg: Der Philips-Heißluftmotor. MTZ Jahrg. 24, Heft 12, Dezember 1963, S. 447

[3]   Dr. Ir. R. J. Meijer: Der Philips-Stirlingmotor. MTZ Jahrg. 29, Heft 7, 1968, S. 284

[4]   Dr.-Ing. F. Zacharias, MAN, Augsburg: Betrachtungen zum äußeren Verbrennungssystem des Stirling-Heißgasmotors. MTZ Jahrg. 32, Heft 1, Januar 1971

[5]   G. Walker: Stirling Engines - the Second Coming?. 54 CME April 1972

[6]   Dr.-Ing. P. Kuhlmann, Augsburg: Das Kennfeld des Stirlingmotors. MTZ Jahrg. 34, Heft 5, Mai 1973, S. 135

[7]   G. Walker: Stirling-cycle machines., Oxford University Press 1973

[8]   Vortrag 28, C. B. S. Alm, S. G. Carlqvist, P Kuhlmann, K. H. Silverqvist, F. Zacharias: Umwelteigenschaften von Stirlingmotoren und ihr Entwicklungsstand in Deutschland und Schweden. MTZ Jahrg. 34, Heft 8, 1973, S. 264

[9]   Norman D. Postma (Ford): The Stirling Engine for Passenger Car Application. Fleet Week 73 ; SAE-Meeting Chicago 18-22 Juni 1973; 730648

[10]   P. Kuhlmann: Stirlingmotor als Fahrzeugantrieb. MTZ Jahrg. 35, Heft 10, Oktober 1974, S. 331

[11]   R. J. Meijer, C. L. Spigt: Der Philips-Stirling-Motor und seine Anwendung. F.A. Zacharias: Fortgeschrittene Entwicklung an Stirling-Motoren bei MWM. MTZ Jahrg. 36, Heft 6, 1975, S. 185

[12]   A. Pfleghaar, MAN: Entwicklungsstand und Aussichten des Stirlingmotors. MTZ Jahrg. 37, Heft 3, 1976, S. 74

[13]   F. Zacharias, MAN: Weiterentwicklungen am Stirlingmotor - Teil 1. MTZ Jahrg. 38, Heft 9, 1977, S. 371

[14]   F. Zacharias, MAN: Weiterentwicklungen am Stirlingmotor - Teil 2. MTZ Jahrg. 38, Heft 12, 1977, S. 569

[15]   Ates Özge: Untersuchungen der Verbesserungsmöglichkeiten zum Regeneratorwirkungsgrad im Stirlingmotor. MTZ Jahrg. 41, Heft 3, 1980, S. 103

[16]   G. Walker: Stirling Engines. Clarendon Press Oxford 1980 (zu empfehlendes Buch; Standardwerk)

[17]   Christoph Müller: Der Stirlingmotor für den dezentralen stationären Einsatz. (Diplomarbeit an der FH München WS 1980/81; SS 81)

[18]   D.G. Beremand, D.G. Evans, D.L. Alger (NASA) Lewis Research Center: Applicability of Advanced Automotive Heat Engines to Solar Thermal Power. DOE/ NASA/1060-4, NASA TM-81658 prep. for SAE Int.Eng.Congr., Detroit, MI, 23-27 Feb.1981

[19]   D.G.Beremand, J.D.Salby, R.C.Nussle, D.Miao, (Lewis Research Center) Free-Piston Stirling Hydraulic Engine and Drive System for Automobiles. NASA Technical Memorandum 82992, November 1982

[20]   C.D.West,Ph.D.: Liquid Piston Stirling Engines. Van Nostrand Reinhold Company Inc. 1983

[21]   Tim Lohrmann: Der Stirlingmotor. (Ingenieurarbeit an der Technischen FH Berlin, März bis Dez. 1983).

[22]   Walter Arn: Ein Projekt aus dem Werkuntericht.. (1983)

[23]   G.T. Reader, C. Hooper: Stirling Engines. E.& F.N. Spon, USA; University Press, Cambridge, GB; 1983

[24]   Forschungsbericht MAN: Stand der Stirlingmotorenentwicklung. 1984, (BMFT-FB-T 84-196)

[25]   Israel Urieli, David M. Berchowitz: Stirling Cycle Engine Analysis. Adam Hilger LTD, Bristol 1984

[26]   Proceedings of the 20th Intersociety Energy Conversion Engeneering Conference. SAE P-164, pub:August 1984 von SAE Inc., 400 Commonwealth Drive, Warendale, PA 15096, USA

[27]   Noel P. Nightingale: Hearings on DOE Transportation Programs. Veröffentlicht von Mechanical Technology Inc. (27.2.85)

[28]   James G. Rizzo: Modelling Stirling and Hot Air Engines. Patrick Stephens, Wellingborough 1985

[29]   G.Walker, J.R.Senft: Free Piston Stirling Engines. Springer-Verlag Berlin, Heidelberg 1985

[30]   Ghassan Hadj Obid: Möglichkeiten zur direkten Nutzung der Sonnenenergie in Entwicklungsländern. VDI-Fortschritt-Bericht Reihe 6 Nr.166; VDI-Verlag 1985

[31]   Spektrum der Wissenschaft: Experiment des Monats. (Juli .85)

[32]   L. Johansson, J. Agno, W. H. Percival: The Advanced Gas-Fired Stirling Engine as a Heat Pump Drive. SAE Technical Paper 860881, Marine Prolution Technology Conference Washington, D.C. 12.-14. 5. 1986

[33]   Verschiedene Auszüge von: 3rd International Stirling Energy Conference. (2 Bücher, 874 Seiten) Rom 25-27 Juni 1986

[34]   Prof. Dr.-Ing. Manfred Künzel: Stirlingmotor der Zukunft. VDI-Fortschritt-Bericht Reihe 6 Nr. 193; VDI Verlag 1986.

[35]   N.P. Nightingale (MTI): Automotive Stirling Engine, Mod II Design Report. DOE/NASA/0032-28, NASA CR-175106, MTI86ASE58SRI, prep. for NASA, Lew. Res. Center Okt.1986

[36]   W. Bitterlich, G. H. Obid: Wirklichkeitsnahes Berechnungsmodell für den doppeltwirkenden Stirlingmotor. MTZ Jahrg. 47, Heft 12, 1986, S. 515

[37]   J.G.Salby (NASA) Lewis Research Center: Overview of Free-Piston Stirling Engine Technology for Space Power Application. DOE/NASA/1005-12, NASA TM-88886 prep. for Solar Energy Conference Hawaii 22-27 März 1987

[38]   Cerbe/Hoffmann: Einführung in die Wärmelehre. 8.Auflage, Carl Hanser Verlag, München, Wien

[39]   Robert Sier: A history of Hot Air and Caloric Engines. Argus Books Ltd., GB, 1987

[40]   Hardy Lechelt-Liebgott: Der Stirlingmotor. (Diplomarbeit an der FH München, SS 87)

[41]   Roger A. Farrell: Mod II Stirling Engine Overview. SAE-Paper 880539; Int.Congress Detroit, MI, März 88

[42]   Christoph Tretter: Konzeption einer 50 kW Wärmemaschine nach dem Vuilleumier-Prinzip. (Diplomarbeit an der TU-München Lehrstuhl für Thermodynamik, Betreuer: Dr. Ing. J. Blumenberg; Mai 1988)

[43]   A. E. Richey und M.Connelly: Upgraded Mod I Stirling Engine Field Evaluation Program. Mechanical Technology Incorporated paper MTI P355 (Mitte 1988)

[44]   Dipl.phys. W. Schiel, Stuttgart: Dish/Stirling Systeme - Technische Auslegung, Betriebserfahrung und Entwicklungspotential. VDI Berichte Nr. 704, 1988 S.117-144

[45]   Brad Ross: Stirling Machines - From Potential To Practically. Mechanical Engineering Juni 1988

[46]   Werner Fies: Analyse eines kinematischen Stirlingmotors für eine solardynamische Energieversorgungsanlage. (Diplomarbeit an der TU-München, Lehrstuhl für Thermodynamik, Betreuer: Dr. Ing. J. Blumenberg, Juni 1988)

[47]   Walter Kufner: Stirlingmaschinen einfacher Bauart. (September 1988) Bestelladresse: Dipl.-Ing.(FH) Kufner; Alpsteinstr.6; 8997 Hergensweiler

[48]   Ch.Zweifel: Stirlingmotoren - Stand der Technik und Zukunftsaussichten. Bericht 88/5 der ETH - Zürich. (1. Okt. 1988)

[49]   H.Hörler: Stirlingmotoren für Wärme-Kraft-Kopplung - ein thermodynamischer Vergleich. Bericht IET/VM 88/6 der ETH-Zürich vom 26.Okt.1988

[50]   Energieforschungsprojekt bei der Forschungsgesellschaft Joanneum: Kraft-Wärme-Kopplung mit Holz über den Stirlingprozeß im Vergleich zum Dampf- und Vergasungsprozeß. Lauer, Novy, Spitzer, Stanzel, Inst.f. Energieforschung, A-8010 Graz, Austria (Oktober 1988)

[51]   Proceedings of the 4th International Conference on Stirling Engines. Tokyo, Japan (7.-10.11.1988)

[52]   R.E. Holtz, K.L. Uherka: A Study of the Reability of Stirling Engines for Distributed Receiver Systems. Prepared by Sandia National Lab. Albuquerque, New Mexico for the US Dep. of Energy; SAND 88-7028 (Printed Nov. 1988)

[53]   Martin Werdich: Die Stirlingmaschine. Vortrag im Rahmen des KFZ-Seminars an der FH-Ravensburg-Weingarten. (WS 88/89)

[54]   Theodor Vieweg: Heißluft-Motoren. Neckar-Verlag GmbH 1989

[55] Unterlagen der Firma Bomin-Solar GmbH & CO KG in Lörrach (Stand März 1989)

[56] H. Carlsen: Development of a Gas Fired Vuilleumier Heat Pump For Residential Heating. Informationsschrift der TU of Denmark (Juli 1989)

[57] Unterlagen der Firma B.V. Stirling Motors Europe, Niederlande (Stand Okt. 1989)

[58] Unterlagen der Firma Ford Motor Company (Stand Okt. 1989)

[59] Rundbrief der Stirlingfreunde: Stirling Aktuell. (Ausgabe 15.Okt.1989) Bestelladresse: Klaus Stutz, Händelstr. 21, D-3502 Vellmar,

[60] Anton Müller: Experimentelle und theoretische Untersuchung einer Vuilleumier Wärmepumpe / Kältemaschine. (Diplomarbeit an der TU-München, Lehrstuhl C für Thermodynamik, Betreuer: Dr.-Ing. J. Blumenberg, Okt. 1989)

[61] Unterlagen der Firma Sunpower Inc., Athens, Ohio, USA (Stand Nov. 1989)

[62] H. Carlsen, N.E. Andersen: Simulation Model For The Design of Vuilleumier Machines. Paper submittet for the ASME winter annual meeting Dec. 1989 in San Francisco

[63] Unterlagen der Firma Stirling Thermal Motors Inc., Michigan, USA (Stand Dez. 1989)

[64] Unterlagen von Walter Kufner, Hergensweiler, (Stand 1990) ebenso die erweiterte Neuauflage seines Buches »Stirlingmaschinen einfacher Bauart« Selbstverlag, Jan. 1990 (DM 18.-)

[65] Vorlesungsmitschriften Thermodynamik I und II der FH-Ravensburg-Weingarten (Stand 1990)

[66] DKV - Aktuell (März 1990)

6.2 Adressenverzeichnis

Walter Arn, Gupfenweg 4; CH-9244 Niederuzwil / Schweiz

Blackwell's Bookshop; Broadstreet; Oxford OX1 3BQ / England
Tel.: STD 0865-792792;
Buchhandlung, über die man englische Fachliteratur besorgen kann.

Dr.-Ing. Jürgen Blumenberg; TU-München; Lehrstuhl C für Thermodynamik
Augustenstr. 77 Rgb.; D 8000 München   (Technischer Leiter)

Herr H. Carlsen; TU of Denmark, Laboratory for Energetics
Dk-2800 Lyngby / Denmark
Veröffentlichungen über die selbst entworfene und gebaute Vuilleumiermaschine.

Mr. Melvin H. Chiogioji; U.S. Departement of Energy
Washington, DC 20585 / USA
Prospekte werden verschickt.

Mr. E.H. Cooke-Yarborough; United Kingdom Atomic Energy Autority
Lincoln Lodge, Longworth, Nr Abingdon; Oxfordshire OX13 5DU / England

Herr Heiko Cramer; FH-Osnabrück
Vor dem Wiggert 8; D-4500 Osnabrück
Arbeitete mit Achim Pape an einem aufgeladenen Alpha-Stirlingmotor (Diplomarbeit).

Deutsche Gesellschaft für Sonnenenergie e.V. (DGS)
Augustenstr.79; D-8000 München 2; Tel.: 089-524071

Mr. Richard B. Diver; Sandia National Laboratories
P.O.Box 5800; 87185 Albuquerque, New Mexico / USA
R.B. Diver ist Mitarbeiter von »Solar Thermal Electric Technology«, Division 6217.

DLR; Pfaffenwaldring 38-40; D-7000 Stuttgart
Tests am V160, Entwicklung eines Solarreceivers, Forschung mit TES

Prof. Dr. Ing.F.X. Eder; TU-München; D-8000 München
Ist auch Berater der Firma Heidelberg GmbH

Dr. P.J.A. Hamburger; B.V. Stirling Motors Europe
Maanweg 156; NL-2500 BY 's-Gravenhage / Niederlande

Heidelberg GmbH; Magnet Motor GmbH;
Petersbrunnerstr. 2; D-8130 Starnberg
Geschäftsführer: Dipl.-Phys. Götz Heidelberg; Vuilleumiermaschinen und Stirlingmotoren befinden sich dort in Entwicklung.

Dipl.-Ing. Hans Werner Jaeger; Sonnenbergstr. 30; D-7000 Stuttgart
Ingenieurgruppe mit Hobby »Stirlingmotor und Solaranwendungen«

Prof. Dipl.-Ing. Benno Kirchgäßner; FH-Ravensburg-Weingarten
Bauhofstr. 36; D-7981 Fronreute
Professor meiner Diplomarbeit

Dr. Jürgen Kleinwächter; Fa. Bomin-Solar
Industriestr.8; D-7850 Lörrach
Ansprechpartner für Stirlingprojekt: Tim Lohrmann

Prof. Dr. Ivo Kolin; University of Zagreb; Faculty of Mining
Mose Pijade 19; Y-41000 Zagreb / Jugoslavija
Erfinder des Flachplatten-Stirlingmotors

Ing. Klaus Kramer; Fa. Hydroschnitt
Hindenburgdamm 77; D-1000 Berlin 45 (Lichterfelde)
Baut und vertreibt kleine Stirlingmotoren

Prof. Dr. rer.nat. Helmut Krauch; FB Produkt-Design; Gesamthochschule
Kassel; Menzelstr. 15; D-3500 Kassel; Tel.: 0561-8045349(1)

Dipl.Ing. Walter Kufner; Ingenieuerbüro; Alpsteinstr. 6; D-8997 Hergensweiler
Autor des Buches »Stirlingmaschinen einfacher Bauart«, Eigenbau-Maschinen mit Leistungen bis zu ca. 300 W

Lewis Research Center (NASA); Kontakt: Mr. William A. Tomazic
21000 Brookpark Road; Cleveland, Ohio 44135 / USA

Leybold Didaktic; Vollmocellerstr.11; D-7000 Stuttgart; Tel.: 0711-7352-144
Firma vertreibt Lehr- und Versuchs-Stirlingmaschinen

Mr. I. Macpherson; Ford Motor Company
20000 Rotunda Drive; Dearborn, Michigan 48121 / USA
Direktor von Powertrain Engineering Office.

Christoph Müller; Ingenieurbüro; Wirffelstr. 8; D-8070 Ingolstadt
Diplomarbeit über Stirlingmotoren 1981 an der FH-München, Lothstr. (Fachbereich:
Feinwerktechnik; bei Prof: Anselm Vogel), Mailbox: 300/8N (1-24h) 0841-55966, arbeitet
an Stirlingmotoren

Mr. Noel P. Nightingale; Stirling Engine Division, Mechanical Technology Inc.
968 Albany-Shaker Road; Latham, NY 12110 / USA

Michael Novy; Forschungsgesellschaft Joanneum
Steirergasse 17; A-8010 Graz / Austria
Abhandlung über Kraft-Wärme-Kopplung erhältlich.

Achim Pape; FH-Osnabrück; Töpferstr. 73; D-4500 Osnabrück
Arbeitet mit Heiko Cramer an einem aufgeladenen Alpha-Stirlingmotor im Ramen einer
Diplomarbeit

Patentauslegestelle im Landesgewerbeamt; Kniestr. 18; D-7000 Stuttgart
Tel.: 0711-1232558

Mr. Alan G. Phillips; P.O. Box 140511; Orlando, Florida 32814 / USA

Peter Rabien; Zukunftswerkstatt
Hessestr. 4; D-8500 Nürnberg 70 (Adresse ändert sich im Dez. 90)
Zweigstelle: Mittlere Hofgasse18; D-8220 Traunstein; Tel. 0861-69484

Mr. Brad Ross; 1823 Hummingbird Court; West Richland, WA 99352 / USA
Herausgeber der amerikanischen Stirlingzeitung »Stirling Machine World« (Bestelladresse)

Firma E. Schmidt; Technische Raritäten
Postfach 2006; D-6370 Oberursel 1; Tel.: 06171-3364
Vertrieb von Stirlingsachen

Dipl.-Ing. Heinz Schnell sen.; Schnell-Engineering
Mühlengärten 5; D-7994 Langenargen
Betreuer meiner Diplomarbeit

Dr. Heinz Schulz; Landtechnik Weihenstephan
Vötingerstr. 36; D-8050 Freising
Beschäftigt sich mit der praktischen Anwendung von Stirlingmotoren.

Mr. Mark Schuman; 101 G. Street, S.W., #516; Washington, DC 20024 / USA
Tel.: USA-202-5548466
Selbständiger Erfinder von Freikolbenwärmepumpen und -motoren

Solar Engines, a Division of Jemco Importes, Inc.
P. O.Box 5237; Phoenix, Arizona 85010 / USA; Tel.: 602-273-6191
Firma bietet Stirling-Modellmotoren an

Solo Kleinmotoren GmbH; Stuttgarter Str. 41; D-7032 Sindelfingen 6
Tel.: 07031-301-(210)-(0)
Firma baut den V160 in Lizenz; technischer Leiter ist Herr W. Emmerich

Stirling Power Systems; Metty Drive; Ann Arbor, Michigan 48106 / USA
Tel.: (313)-6656767

Mr. L.S. Stephens; Stirling Technology Company
2952 George Washington Way; Richland, Washington 99352 / USA
Tel.: 509-375-4000

Stirling Thermal Motors, Inc. (STM)
2841 Broadwalk; Ann Arbor, Michigan 48104 / USA; Tel.: 313-995-1755
Comunications Coordinator: Eva Mayer; Firma von R. J. Meijer gegründet und geführt.
Fax: 313-995-0610, Telex 9103500992

Ing. Klaus Stutz; Händelstr. 21; D-3502 Vellmar
Anlaufaddresse für die Zeitschrift »Stirling-Aktuell«.

Fa. Sunpower; 6 Byard St.; Athens, Ohio 45701 / USA; Tel.: 614-594-2221
Firma von William Beale

Dipl.-Ing. Antonius Theiler; 8351 Winzer bei Deggendorf
Er hat zwei Offenlegunsschriften und vertritt die Meinung: Regenerator mit Dünn-
schichttechnik, Verbrennung mittels Schüttung ist besser als mit Brenner. Baut auch an
einem Stirlingmotor.

Fa. Thermacore; 780 Eden Road; Lancaster, Pennsylvenia 17601 / USA
Tel.: 717-569-6551
Firma vertreibt Wärmerohre. Engeneering Manager: Robert M. Shaubach.

Mr. Graham Walker; Dept.of Mechanical Engineering, University of Calgary
Calgary, Alberta / Canada T2N1N4
Er ist Stirling-Spezialist und hat sehr gute Bücher über Stirling-Maschinen geschrieben
(in Englisch).

Fa. Wankel; Bregenzerstr.130; D-8990 Lindau
Kontaktperson: Herr Nuber; Buch von Wankel: Einteilung der Rotationskolbenmaschinen

Dr. Rudolf Weber; CH-5225 Oberbözberg / Schweiz
Wissenschaftsjournalist, beschäftigt sich mit Stirlingmaschinen

Eckhart Weber; Fa. Delta Photon Energietechnik F&E
Am Laufer Schlagturm 6; D-8500 Nürnberg
Arbeitet mit den Firmen Conzentric-Machines, Bomin Solar und Thermosolar zusammen; hat Patente auf verschiedene Flachplatten-Strilingmotoren.

Walter Wesinger; Dahlienstr. 18; D-8012 Ottobrunn
Diplomarbeit über Stirlingmaschinen (März 1990)

Prof. Dr.-Ing. E.R.F. Winter; Institut für Kältetechnik
Augusten-/Theresienstr. ; D-8000 München

Herr Zettner; Fa. Concentric Machines
Postfach 163; D-8830 Treuchtlingen
Arbeitet mit Keramik an einem β-Stirlingmotor mit ca. 2 kW$_{el}$; hat ein neues Getriebe für
Stirlingmaschinen erfunden.

6.3 Datenblätter

der wichtigsten in Tabelle 13 aufgeführten Maschinen

Bezeichnung:	Harwell TMG (thermo-mechamical generator)
Drehzahl, Aufladung:	konstant, Helium
Leistungsdaten:	P = ca. 25 W_{el}; f = 110 Hz; G = 0,8 kg
Wärmequelle, Antrieb:	Radioisotope, elektrisch, Propan
Bauform:	Freikolbenverdränger, Membran → Lineargenerator
Besonderheiten:	hohe Lebensdauer (bis 72 000 h)
Ausführungsstand:	Tests wurden über 10 Jahre durchgeführt
Ausführungszeitraum:	1974-1983
Konstrukteur:	Cooke-Yarborough
Nachteile:	
Vorteile:	

Bezeichnung:	Kolin-Flachplattenmotor
Drehzahl, Aufladung:	konstant, Luft bei Umgebungsdruck
Leistungsdaten:	P ≈ 200 W; n ≈ 350 U/min
Wärmequelle, Antrieb:	beliebig, meist Sonne und Abwärme
Bauform:	Arbeitskolben als Membran ausgeführt
Besonderheiten:	diskontinuierliche Verdrängersteuerung
Ausführungsstand:	Bauplan erhältlich, liegt diesem Buch bei.
Ausführungszeitraum:	seit 1986
Konstrukteur:	Prof. Ivo Kolin von der Uni Zagreb
Nachteile:	kleine Leistungen erreichbar
Vorteile:	billig, eignet sich zum Selbstbau, läuft mit $\Delta T > 17°C$

Bezeichnung:	Mod II
Drehzahl, Aufladung:	variabel,
Leistungsdaten:	P = 62 kW; n = 4000 U/min; G/P = 3,3 kg/kW; Wirkungsgrad = 42%
Wärmequelle, Antrieb:	alle Treibstoffe, je nach Brenneraufsatz
Bauform:	V-Anordnung
Besonderheiten:	kontinuierliche Verdrängersteuerung
Ausführungsstand:	verschiedene Prototypen erfolgreich getestet
Ausführungszeitraum:	1988
Hersteller:	Mechanical Technology Inc., USA
Nachteile:	
Vorteile:	

Bezeichnung:	MT79
Drehzahl, Aufladung:	variabel; Helium mit 100 bar
Leistungsdaten:	P = 52 kW; n = 2500 U/min; G = 190 kg; Wirkungs-grad = 31% (max.)
Wärmequelle, Antrieb:	Kerosin
Bauform:	parallel symmetrisch um Abtriebsachse liegend
Besonderheiten:	kontinuierliche Verdrängersteuerung
Ausführungsstand:	Prototyp bis 1982 erfolgreich getestet
Ausführungszeitraum:	1980
Hersteller:	Aisin Seiki Co., LTD., Japan
Nachteile:	
Vorteile:	

Bezeichnung:	P 40
Drehzahl, Aufladung:	variabel,
Leistungsdaten:	P = 40 kW; n = 4000 U/min ; G = 328 kg; Wir-kungsgrad = 32%
Wärmequelle, Antrieb:	alle Treibstoffe, je nach Brenneraufsatz
Bauform:	4-Zylinder senkrecht parallel im Viereck, 2 Kurbel-wellen
Besonderheiten:	kontinuierliche Verdrängersteuerung
Ausführungsstand:	Tests erfolgreich abgeschlossen, bereits verbessert
Ausführungszeitraum:	1973-75
Hersteller:	United Stirling Sweden (USAB bzw. USS)
Nachteile:	
Vorteile:	

Bezeichnung:	STM 4-120
Drehzahl, Aufladung:	variabel; Helium mit 110 bar
Leistungsdaten:	P = 40 kW; n = 2800 U/min; G = 85 kg
Wärmequelle, Antrieb:	alle Treibstoffe, je nach Brenneraufsatz; Sonne
Bauform:	parallel symmetrisch um Abtriebsachse liegend
Besonderheiten:	kontinuierliche Verdrängersteuerung
Ausführungsstand:	Vorserie
Ausführungszeitraum:	1989
Konstrukteur:	Stirling Thermal Motors (STM), USA
Hersteller:	STM
Nachteile:	
Vorteile:	

Bezeichnung:	V160
Drehzahl, Aufladung:	variabel
Leistungsdaten:	P = 15 kW, n = 3600 U/min , G/P = 6.7 kg/kW
Wärmequelle, Antrieb:	alle Treibstoffe, je nach Brenneraufsatz
Bauform:	90°-V-Zylinder
Besonderheiten:	externer Regenerator, kontinuierliche Verdränger-steuerung
Ausführungsstand:	Vorserie
Ausführungszeitraum:	1989
Hersteller:	Stirling Power Systems Corporation, USA
Nachteile:	
Vorteile:	

Bezeichnung:	Webers Niedertemperatur Stirlingmotor
Drehzahl, Aufladung:	variabel zwischen 60 und 300 min
Leistungsdaten:	P ≈ 100 W
Wärmequelle, Antrieb:	Sonne
Bauform:	ähnlich Kolin (Flachplatten)
Besonderheiten:	kontinuierliche Verdrängersteuerung
Ausführungsstand:	Entwicklung und Tests erfolgreich beendet
Ausführungszeitraum:	1990
Konstrukteur:	Eckhart Weber, Nürnberg, BRD
Nachteile:	geringe Leistung
Vorteile:	überwindet bereits ab $\Delta T \approx 6°C$ die Eigenreibung

6.4 Datenbanken

Zu Beginn dieser Arbeit wurde in verschiedenen internationalen Datenbanken recherchiert. Bei einem Cross-Lauf (Host: DSTAR) mit den Suchworten »stirling with motor« führten folgende technische Datenbanken Informationen der genannten Anzahl:

COMP: 16	IN79: 10	PTSP: 29
EBUS: 1	META: 1	PTZZ: 31
EIEM: 12	NTIS: 24	ULIT: 2
INSP: 17	NTZZ: 25	UFOR: 1
INZZ: 27	PTDT: 2	VWWW: 11

Genauere Recherchen wurden bei NTIS, VWWW und PATO durchgeführt. G.T. Reader und C. Hooper empfehlen in ihren Buch »Stirling Engines« für Stirlingnachforschungen folgende Datenbanken:

- NTIS (National Technical Information Service), Government Repot Index,
- STAR (Scientific and Technical Aerospace Reports) Abstracts,
- ISMEC (Infomation Service in Mechanical Engineering),
- British Technological Index.

6.5 Entwurf der Verbots-Verordnung zur FCKW-Reduzierung

In Ausführung des einstimmigen Bundestagsbeschlusses 11/4133 vom 9.3.1989 und der Bundesratsentscheidung 433/89 vom 10.11.1989 zur FCKW-Reduzierung hat das Ministerium für Umwelt, Naturschutz und Reaktorsicherheit (BMU) eine FCKW-Halon-Verbotsordnung entworfen, deren wesentliche Punkte in Tabelle 12 zusammengestellt sind.

Kälte-mittel	Menge in kg	Herstel-lungsverbot der Geräte ab	Inverkehr-bringen der Geräte bis	Verbot des Inverkehr-bringens der Kälte-mittel (für Geräte)
R12 gilt auch für	< 0,5	1.1.1995	1.1.1998	Verwendung bis zur Außerbe-triebnahme der Geräte gestattet
R11/R112 R113/R114 R115/Halone	>0,5 < 5	1.1.1992	1.1.1995	für Geräte, die nach Inkraft-treten des Verbots noch in Verkehr gebracht werden - es
1211/1301/2402	> 5	1.1.1992	1.1.1995	sei denn, daß Kältemittel mit geringerem ODP nach dem
R 22	< 5	1.1.1998	31.12.1999	Stand der Technik eingesetzt werden können (»Drop in«).
	> 5	1.1.1992	unklar	

Tabelle 12: Entwurf der Verbots-Verordnung zur FCKW-Reduzierung

Weitere Bücher im ökobuch Verlag

Gottfried Häfele, Wolfgang Oed, Ludwig Sabel

Althauserneuerung

Instandsetzen - Renovieren - Modernisieren: eine Anleitung zur Selbsthilfe. Das Buch beschreibt ausführlich den behutsamen, handwerklich sachgerechten und umweltverträglichen Umgang mit alter Bausubstanz. 223 S., 200 Abb., 21 x 21 cm, 1988   39,80 DM

Holger König

Wege zum gesunden Bauen

Aus dem Inhalt: richtige Baustoffwahl, geeignete Baukonstruktionen mit Eigenschaften und Anwendungsbereichen, Beispiele ausgeführter Häuser, Baunormen, Bauphysik, Preise und Bezugsquellen. 192 S. m. v. Abb., 21 x 21 cm, 1989   39,80 DM

Othmar Humm

NiedrigEnergieHäuser

Theorie und Praxis. Hier werden die planerischen Konzepte sowie Baukonstruktionen, neue Produkte und energietechnische Maßnahmen gezeigt, die für den Bau von Niedrigenergiehäusern nötig sind. 225 S., viele Abb., 21 x 21 cm, 1990   48,- DM

Peter Weissenfeld

Holzschutz ohne Gift?

Holzschutz und Holzoberflächenbehandlung in der Praxis mit einer Bewertung der im Handel erhältlichen Produkte und vielen Anleitungen und Rezepten. Für alle, die in Haus und Hof selbst zum Pinsel greifen. 7. Auflage 1988, 190 S. m.vielen Abb.   16,80 DM

Claudia Lorenz-Ladener

Naturkeller

Grundlagen und praktische Anlagen für Planung und Bau von naturgekühlten Lagerräumen im Haus oder Freiland, um Obst und Gemüse in größeren Mengen ohne Qualitätsverlust möglichst lange zu lagern. 1. Auflage 1990, 140 S. m.v.Abb.   24,80 DM

Georg Hänisch

Kork - ein Baustoff

Gewinnung, Eigenschaften, Konstruktionen und Anwendungsbeispiele. Mit Einsatzempfehlungen und Verarbeitungsanleitungen für Korkschrot, Korkdämmplatten und Korkparkett. 100 Seiten DIN A5, viele Abb., 1990   16,80 DM

Hans Mönninghoff, Hrsg.

Ökotechnik: Wasserversorgung im Haus

Wassersparende Armaturen und Toilettenspülsysteme, doppelte Wassernetze, Regenwassernutzung, Grauwasserreinigung: Grundlagen, Betriebserfahrungen, Anleitungen sowie kommunal- und landespolitische Handlungsmöglichkeiten. 115 S., 1988   24,80 DM

Wolfgang Bredow

Regenwasser-Sammelanlage

Eine leicht verständliche Anleitung für den Bau verschiedener Regenwasser-Sammelanlagen, mit denen viel kostbares Trinkwasser eingespart werden kann.
7. überarb. Aufl. Dezember 1988, 126 S. m. vielen Abb.   16,80 DM

Wolfgang Martin, Gunter Geller

Biologische Abwasserreinigung im Haus

3 Selbstbauanleitungen für Komposttoilette, Grauwasserreinigung im Gewächshaus und Abwasserreinigung durch Pflanzenbeete. 68 S. + 3 Faltpläne, 1984   16,80 DM

J.G. Güntzel, E. Zurheide

Holzschindeln

Ein altes Handwerk neu belebt: Geschichte, Herstellung und Anwendung von Holzschindeln zur Dacheindeckung und Außenwandverkleidung von Gebäuden. Mit Anleitung zur Herstellung von Holzschindeln. 96 S. m. vielen Abb., 21 x 20 cm, 1986   22,80 DM

Hans-P. Ebert

Heizen mit Holz

Ein Ratgeber für alle, die Holzöfen, Kamine oder Holzzentralheizungen kaufen wollen oder schon besitzen: günstiger Holzeinkauf, Zurichten des Waldholzes, Lagerung und Trocknung, Anforderungen an Feuerstelle und Schornstein, die verschiedenen Ofentypen und ihre Einsatzbereiche. 121 S. m. vielen Abb., 1989   14,80 DM

Claudia Lorenz-Ladener, Heinz Ladener

Solaranlagen im Selbstbau

Das Handbuch der Sonnenkollektortechnik für Warmwasserbereitung, Schwimmbad- und Raumheizung; mit Anleitungen und nützlichen Tips für den Selbstbau.
8. Aufl. 1989; 154 S. m. vielen Abb.   24,80 DM

Heinz Schulz

Wärme aus Sonne und Erde

Dr. Schulz, Landtechnik Weihenstephan/TU München, beschreibt aus eigener, praktischer Erfahrung den Bau eines energiesparenden Heizungssystems (20 kW), bestehend aus Solarabsorber, Erdwärmespeicher und Dieselmotor-Wärmepumpe. Mit Betriebserfahrungen und Auslegungshinweisen. 2. erw. Aufl. 1990, 110 S., 21 x 20 cm,   24,80 DM

Heinz Ladener

Solare Stromversorgung

Neben den Grundlagen der Stromerzeugung mit Solarzellen vermittelt das Buch alle Fakten, die für Planung und Bau solarer Stromversorgungsanlagen gebraucht werden: Solarpanele, Akkus, Schaltungstechnik, energiesparende Haushaltsgeräte, Beispiele und Erfahrungen von erprobten Solarstromanlagen. 168 S. m.v. Abb., 21 x 20 cm, 1986   29,80 DM

Robert Borsch, Peter Stenhorst

Das Solarzellen-Bastelbuch

Für alle, die sich zunächst einmal auf spielerischer Ebene mit der neuen Technik der Stromerzeugung durch Solarzellen beschäftigen wollen. Mit Anleitungen für einfache Solarspielzeuge, praktischen Schaltungen und Bezugsquellenverzeichnis.
92 S. mit vielen Abb., 21 x 20 cm 1983   14,80 DM

Siegfried Scheer

Stromsparen beim Waschen

Anleitungen und Tips für den Umbau von Wasch- und Geschirrspülmaschine an die häusliche Warmwasserversorgung, um teuren Strom einzusparen und Solarenergie zu nutzen. 64 S. m. vielen Abb., 1983   9,80 DM

Heinz Schulz
Der Savonius-Rotor
Gerade bei mittleren und niedrigen Windgeschwindigkeiten und im Bereich kleiner Leistungen zeigt der Savoniusrotor seine Stärken. Anhand detaillierter Zeichnungen werden der Bau von Windrotoren verschiedener Größe beschrieben und Hinweise für geeignete Arbeitsmaschinen gegeben. 80 S. m. vielen Abb., 1989   14,80 DM

Uwe Hallenga
Wind: Strom für Haus und Hof
Bauanleitung mit komplettem Zeichnungssatz für eine leicht und preiswert nachzubauende Windkraftanlage, die bei gutem Wind etwa 200 bis 500 W elekrtische Leistung liefert. 76 Seiten DIN A5, viele Abb., 1990   14,80 DM

Albert Betz
Windenergie und ihre Nutzung durch Windmühlen
Nachdruck des Originalwerks von 1926: der Klassiker der Aerodynamik zeigt die Grundlagen der Windenergienutzung und Flügelberechnung. 64 S. m.vilen Abb.   10,00 DM

Horst Crome
Windenergie - Praxis
Aus langjähriger Praxis vermittelt der Autor nicht nur das nötige Grundwissen über Windenergienutzung und Anlagenkonstruktion, sondern beschreibt auch Schritt für Schritt den Bau einer soliden und leistungsfähigen Anlage (1-3 kW) zur Stromerzeugung. 152 S. m. vielen Abb., 21 x 20 cm, 1987/89   29,80 DM

U. Stampa, W. Bredow
Die Windwerker
Diese Dokumentation von 16 verschiedenen Selbstbau-Windkraftanlagen im norddeutschen Raum zeigt, was in den letzten Jahren von "Selbstbau-Windwerkern" an technischer Entwicklung geleistet wurde; mit Betriebserfahrungen, Daten und Detailskizzen - eine Fundgrube für jeden Praktiker. 96 S. m. vielen Abb., 21 x 20 cm, 1987   19,80 DM

Richard Niemeyer
Der Lehmbau und seine praktische Anwendung
Nachdruck des Originalwerks von 1946: hier werden alle bekannten Techniken ausführlich dargestellt. Eine gute und umfassende Einführung in den traditionellen Lehmbau! 157 Seiten mit vielen Abb., DIN A5,   14,80 DM

Preisstand: August 1990

Unsere Bücher erhalten Sie in allen guten Buchhandlungen!